Natalija Janc
Milivoj B. Gavrilov

História da supressão do granizo na Sérvia

Natalija Janc
Milivoj B. Gavrilov

História da supressão do granizo na Sérvia

ScienciaScripts

ÍNDICE

PREÂMBULO

A HISTORY OF HAIL SUPPRESSION IN SERBIA (História da supressão do granizo na Sérvia) apresenta um levantamento histórico dos esforços de supressão do granizo na Sérvia. Não é possível determinar com exatidão a data específica em que as medidas preventivas contra as nuvens de granizo foram aplicadas pela primeira vez. Várias acções mágico-rituais históricas, destinadas a prevenir e/ou diminuir a ocorrência de granizo, foram registadas com pouca frequência. Com o passar do tempo, estas medidas preventivas na luta contra as nuvens de granizo aumentaram e passaram a ser sistemas e armas cientificamente tangíveis, variados e objetivamente eficazes. Ao longo do último século e meio, crescendo em paralelo com o desenvolvimento dos serviços meteorológicos estatais em todo o mundo, a supressão do granizo tornou-se uma das tarefas mais importantes do serviço meteorológico da Sérvia. Isto conduziu a um sistema impressionante e bem desenvolvido de supressão do granizo, que foi alargado nas últimas décadas.

Este livro deverá servir como uma fonte abrangente de informação sobre este assunto de interesse para meteorologistas, agrónomos, historiadores da meteorologia e da tecnologia, etnógrafos e outros. Para além de uma revisão histórica da supressão de granizo, este livro apresenta uma visão geral especializada da eficiência do serviço de supressão de granizo, uma análise de custos e benefícios e possíveis alternativas para mitigar os danos causados pelo granizo.

novembro de 2017.   Autores

CAPÍTULO 1 - INTRODUÇÃO

As nuvens com granizo sempre foram acontecimentos inexplicáveis e assustadores. Os efeitos destrutivos do granizo e das tempestades que o acompanham produziram, historicamente, danos enormes e irreparáveis, principalmente na agricultura. Por isso, historicamente, uma opinião comum entre os agricultores era a de que o granizo era criado por forças sobrenaturais que pretendiam prejudicar o homem, quer como pura agressão sem fundamento, quer como castigo por alguns dos vários actos de má conduta a que o homem sempre foi propenso. Mais especificamente, havia uma crença generalizada de que as nuvens de granizo eram conduzidas por vários seres míticos específicos: demónio, dragão, diabo, bruxa ou a alma inquieta de um homem falecido que se tinha afogado ou cometido suicídio (Kulisic et al., 1970). No início, os sérvios recorriam a vários ritos mágicos que imaginavam ser propícios à prevenção do granizo. O sacrifício de pequenos animais domésticos ou o sacrifício simbólico de um ovo, de pão ou de qualquer outro alimento, para obter a misericórdia de um ser mítico destruidor e poupar as colheitas, era muito comum. Quando estes métodos não funcionavam, os agricultores apelavam a seres míticos mais benevolentes para lutarem do seu lado. Os objectos rituais eram fabricados com a intenção de desviar o granizo da terra. Se houvesse campanários nas proximidades, o uso de sinos era considerado um meio eficaz de alterar o curso da tempestade. Muitas vezes, o toque ruidoso dos sinos precedia as tempestades de granizo.

Ocasionalmente, a supressão do granizo tornava-se um verdadeiro problema militar. Quando as nuvens de granizo apareciam no céu, travavam-se lutas inúteis contra elas com todo o armamento disponível, como lanças, arcos e flechas, morteiros, espingardas, canhões e foguetes. Os progressos na criação de novas armas e tecnologias tornaram mais versátil a luta contra as nuvens de granizo. No século XIX, a dispersão de nuvens de granizo pelo homem através de canhões tornou-se o método dominante em muitos países, tal como na Sérvia. Após a utilização bem sucedida dos katjushas russos e dos radares britânicos na Segunda Guerra Mundial, os foguetes e os radares dominaram a supressão do granizo com o apoio decisivo de muitos países (Gavrilov et al., 2013).

Muitos pensam que a inclusão das técnicas mais avançadas é uma boa forma de reduzir ao mínimo os riscos de granizo. Os funcionários e o público na Sérvia continuam fascinados com a supressão do granizo. Aceitam, sem qualquer dúvida, as duas abordagens mais contemporâneas seguintes: a supressão do granizo deve ser efectuada a partir de aviões que, nas piores condições meteorológicas, sobrevoariam as nuvens e agiriam sobre elas durante o processo, bem como as nuvens portadoras de granizo devem ser combatidas a partir do espaço (Gavrilov et al., 2014).

A Secção 2 descreve o início das relações da Sérvia com a supressão do granizo, analisando tanto a tradição popular como alguns dos primeiros documentos escritos. A história inicial da supressão organizada do granizo, tanto a nível mundial como na Sérvia, é apresentada na Secção 3. A secção 4 apresenta uma visão geral do início das observações organizadas do granizo e do estudo da defesa contra o granizo na Sérvia. A Secção 5 é dedicada à fundação do Observatório Meteorológico na Sérvia como precursor do serviço meteorológico nacional, no âmbito do qual a supressão do granizo sob os auspícios do Estado foi organizada pela primeira vez no final do século XIX.

Na secção 6, é apresentada uma descrição de como as actividades de supressão do granizo cessaram completamente entre as duas guerras mundiais. Após a Segunda Guerra Mundial, os esforços de supressão do granizo foram renovados, sendo apresentada uma panorâmica dos mesmos na Secção 7. Esta renovação provocou uma expansão das actividades de supressão do granizo a todo o território da Sérvia, como se descreve na secção 8. A secção 9 é dedicada a uma análise da eficiência da supressão do granizo até aos métodos mais recentes. A secção 10 considera acções alternativas para a atenuação dos danos causados pelo granizo como forma de ultrapassar a ineficiência da supressão do granizo. Finalmente, a secção 11 apresenta as nossas conclusões.

CAPÍTULO 2 - O GRANIZO VISTO ATRAVÉS DE UMA LENTE HISTÓRICA

Uma vez que o granizo causa frequentemente danos ao homem e aos seus meios de subsistência, pensava-se que era produzido por forças sobrenaturais, demónios, seres míticos e deuses pagãos. Muitos destes deuses eram representados com um raio ou um martelo nas mãos, como símbolo do seu poder meteorológico. Para se protegerem das catástrofes meteorológicas, as pessoas tentavam apaziguar as forças sobrenaturais ou enfrentá-las através de ritos mágicos.

O granizo não é necessariamente sempre prejudicial, e há situações em que é até benéfico. Um exemplo é o seu efeito após as secas. Um conhecido ditado popular sérvio para essas situações é: "Se não há chuva, o granizo é bom".

2.1 O GRANIZO NAS TRADIÇÕES MÍTICAS POPULARES

O granizo ocorre normalmente nos períodos mais quentes do ano e muitos dos costumes populares da Sérvia relacionados com a meteorologia têm também origem neste período.

São Jorge, Djurdjevdan, é um santo padroeiro tão importante na Sérvia que a República da Sérvia nomeou a sua celebração e o ritual que a acompanha para a Lista do Património Cultural Imaterial da UNESCO. Um dos aspectos mais importantes do culto é dedicado às plantas e às suas propriedades.

De acordo com Kulisic et al. (1970), na véspera de Djurdjevdan, um dia de santo cristão ortodoxo celebrado a 6 de maio, celebrava-se o "Sábado gelado" nas aldeias do sul da Sérvia em redor do rio Juzna Morava. Nesse dia, não se trabalhava nos campos, para que o granizo os poupasse. Entre os supersticiosos, dizia-se que: "O gelo expande-se na quinta-feira, na sexta-feira circula pelas aldeias onde vai cair e no sábado cai".

Noutras partes da Sérvia, também na véspera de Djurdjevdan, eram colocadas "cruzes de gelo" feitas de vime de avelã no centro das aldeias, quintas e campos para proteção contra as tempestades. Uma dessas cruzes de gelo foi colocada nas imediações da cidade de Smederevo em 1882. Tratava-se de um monumento de carvalho, situado numa encruzilhada de vinhas, com três metros de altura e um topo em forma de cruz coberto por um guarda-chuva de pequenas tábuas de carvalho. Estava decorado com flores, toalhas, trabalhos de malha multicoloridos, garrafas de vinho e de aguardente de ameixa (Pavlovic, 1980).

Nas zonas montanhosas, o dia de São Germano (Patriarca de Constantinopla de 715 a 730) é celebrado a 25 de maio. Como ele era visto como o protetor do homem contra os trovões e o granizo, quando ocorriam trovões nesse dia, era um ritual tradicional recitar: "Oh, alemão, feriado poderoso, transporta o granizo para as montanhas desoladas!" Nos arredores da cidade de Nis, e gritar para as nuvens que carregam o granizo: "Até à fronteira (limite), Djermo!", (Kulisic et al., 1970).

Acreditava-se que as pessoas que não morriam naturalmente tinham o poder de lutar contra os demónios e de conduzir elas próprias nuvens de granizo. Por vezes, no início das tempestades, as pessoas falecidas eram abordadas com pedidos para parar ou redirecionar a tempestade que se aproximava. Outro ritual preventivo comum consistia em as mulheres mais velhas despirem-se ou levantarem a blusa, virarem-se para as nuvens e gritarem: "Oh, (aqui, nome do falecido), não mandes o teu gado para o nosso concelho, ajuda-me e manda-o para... (aqui, o nome de uma zona despovoada próxima)", (Kulisic et al., 1970).

Alguns acreditavam que as nuvens de granizo eram lideradas por dragões, que se combatiam com grãos de gelo, sobretudo na primeira metade do verão.

No domingo, 17 de setembro de 2017, na região da Sérvia, a altitudes mais elevadas, encontrava-se a frente de uma grande circulação ciclónica com o seu centro sobre a Europa Ocidental. Tinha um fluxo expresso de sudoeste e uma massa de ar quente, uma corrente de jato bem definida que fluía do Mediterrâneo ocidental sobre o Adriático e as partes ocidentais da Sérvia até à Panónia e à região dos Cárpatos. Ao nível do solo, numa posição abaixo da corrente de jato, havia uma zona frontal que, na manhã desse dia, se deslocava à velocidade habitual para leste. A meio do dia, com o aparecimento de várias nuvens cumulonimbus (Cb) isoladas na zona frontal no oeste da Sérvia, a frente fria acelerou rapidamente o seu movimento da direção WSW para a direção

ENE. A passagem da frente fria foi a mais pronunciada em termos de velocidade do vento; o vento de tempestade mediu uma velocidade máxima de 27 m/s, e uma queda brusca de temperatura (de 10 a 15º C). A precipitação não foi intensa, tendo sido registado granizo em vários locais. O ar frio levou à criação de uma nebulosidade diversa na qual se vê a nuvem com a forma representada na fotografia; parece-se muito com um dragão, Figura 1. Efeitos visuais semelhantes nas pessoas poderiam ter reavivado as noções míticas, especiais nos tempos passados, de várias criaturas zoomórficas a voar no céu.

Figura 1. Uma nuvem com a forma de um dragão em voo é fotografada acima de Sopot (44,52 ºN, 20,57 ºE), nas proximidades de Belgrado, virada para leste, às 18h30, 17 de setembro de 2017, (fotografia tirada por V. Benisek).

Os encantamentos eram utilizados para proteção contra o granizo. Pensava-se também que pessoas com capacidades supostamente sobrenaturais deviam combater o granizo. Estas pessoas, designadas por zduhach, caíam num transe "como se estivessem mortas" e depois "subiam às nuvens e lutavam contra os líderes das nuvens que traziam granizo". Pensava-se que estas pessoas nunca deviam ser acordadas quando estavam a dormir. Acreditava-se que, para além das pessoas, alguns animais também podiam ser zduhachs, como a serpente Aesculapius e os touros "tipo dragão" (Kulisic et al., 1970).

É interessante o facto de as pessoas, intuitivamente ou por experiência própria, enfrentarem as nuvens de granizo e os trovões fazendo para-raios primitivos (Janc, 2006), colocando ferramentas de metal afiadas nos seus quintais, normalmente machados e foices, ou colocando uma mesa no quintal e dispondo nela elementos de fogueira, bem como facas e garfos. Durante as trovoadas, uma faca com uma bainha preta era colocada nas brasas e uma galinha preta era transportada para afastar o granizo (Kulisic et al., 1970).

As cruzes foram consideradas instrumentos especialmente poderosos para a supressão do granizo. Algumas cruzes tornaram-se populares após tempestades historicamente extremas. Na biblioteca do mosteiro Kraljeva Sutjeska, no centro da Bósnia-Herzegovina, existe uma cruz de madeira com 64 cm de comprimento e 30 cm de largura com uma inscrição que diz "Esta cruz estava no cimo da igreja, fixada na cumeeira sobre o altar-mor, mas desde que os Seymens a derrubaram e destruíram, tempestades consistentemente terríveis de ventos, granizo e chuva formaram em Sarajevo (a capital da Bósnia-Herzegovina) nove minaretes; por esta razão, deve ser considerada importante. Deve ser considerado especialmente importante". Infelizmente, o ano exato em que esta inscrição foi escrita não foi registado (Barisic, 1890).

Nos casos em que as nuvens com granizo pouparam os campos, os agricultores pensaram que a sua luta tinha sido bem sucedida. Quando o granizo não lhes escapava, os agricultores pensavam que as suas acções pessoais tinham provocado as suas circunstâncias infelizes e esforçavam-se por "melhorar" para evitar outra ocorrência.

2.2 O GRANIZO AOS OLHOS DOS NÃO-SUPERSTICIOSOS

No meio de uma grande quantidade de pessoas que viam tudo como estando relacionado com o sobrenatural, houve sempre indivíduos que compreenderam que o granizo é uma catástrofe natural de curta duração, impossível de evitar, e que, por isso, tentaram métodos mais racionais de proteção contra ele. Sabe-se que os aldeões do sul de Banat se certificavam de que os seus campos não estavam demasiado próximos uns dos outros e que os distribuíam a uma distância segura uns dos outros. Desta forma, quando as nuvens com granizo atingiam um campo, os outros não eram afectados. Era claro para eles que o granizo tende a atingir áreas relativamente pequenas e que as culturas fora de uma dessas áreas pequenas seriam poupadas. Foram utilizadas estatísticas empíricas para determinar que o granizo não atinge o mesmo campo todos os anos, mas que pode ocorrer no mesmo local após vários anos. Algumas pessoas acreditavam que os anos de granizo eram férteis e que a ocorrência de granizo significava "boa" chuva que estava para vir, pelo que os danos causados pelo granizo num campo num ano seriam compensados pelo aumento da produção noutros campos.

2.3 GRANIZO NOS PRIMEIROS DOCUMENTOS ESCRITOS

É possível encontrar documentos que registam a ocorrência de granizo antes da utilização de jornais meteorológicos. Existem como notas à margem de obras religiosas, crónicas de mosteiros, diários e memórias pessoais e artigos de jornal sobre fenómenos meteorológicos invulgares e/ou extremos.

Há muitos documentos sérvios antigos que registam problemas causados pelo tempo. Por exemplo, num documento do mosteiro de Hopovo, na montanha Fruska Gora, na cidade de Irig (Norte da Sérvia), está escrito que, em 16 de maio de 1764, de acordo com o calendário gregoriano, ocorreu um granizo de uma força sem precedentes "Granizo severo, como não tinha acontecido recentemente", (Stojanovic, 1925).

Os artigos sobre a meteorologia despertaram grande interesse público desde o início. No jornal "Novine srbske" ("Gazeta Sérvia"), (Novine srbske, 1834), foi registado que, às 7 horas da manhã do dia 18 de junho de 1834, juntamente com uma forte tempestade que derrubou árvores e destruiu chaminés, caía granizo do tamanho de ovos de pombo na cidade de Smederevo. Nos arredores das cidades de Sabac e Valjevo, caiu granizo de uma libra: o feno foi "ceifado" e as vinhas foram completamente destruídas.

No início do século XX, no jornal "Novine srbske" (Janc, 1987), além do relatório regular do Observatório Astronómico e Meteorológico (ver secção 5), era publicado duas vezes por mês um relatório do Departamento de Agricultura e Veterinária do

Ministério da Economia Nacional do Reino da Sérvia. Em meados e finais de julho de 1902, foram publicadas informações sobre a ocorrência de fortes tempestades em vários locais da Sérvia. O granizo que acompanhou essas tempestades destruiu muitas árvores de fruto e causou enormes danos aos pomares (Janc, 1987).

2.4 O GRANIZO NOS DOCUMENTOS DE ATANASIJE STOJKOVIC

Atanasije Stojkovic (1773-1832) frequentou a escola em Ruma (Sérvia), Szeged (Hungria) e Bratislava (Eslováquia), estudou física e matemática e licenciou-se na Universidade de Gottingen (Alemanha), onde se doutorou em 1799 (Janc, 2002). Por convite, tornou-se professor catedrático de física da recém-fundada Universidade Imperial de Kharkov (Ucrânia), onde, com os seus esforços, foi criado o Departamento de Meteorologia e onde participou na fundação da Sociedade de Ciências (Janc, 2002). Depois de deixar Kharkov, mudou-se para Sankt Petersburg, onde trabalhou no recém-criado comité de revisão dos manuais escolares, bem como no Ministério da Economia Nacional e Edifícios Públicos do Ministério do Interior (Janc, 2002).

Escreveu um grande número de obras de ficção, bem como livros didácticos de física, meteorologia e astronomia em sérvio, russo e alemão. Entre eles está, em língua sérvia, "Física" em três volumes, publicado em Buda (Hungria), 1801-1803, onde uma parte significativa é dedicada à meteorologia (Janc, 2002).

No volume 3 de "Física", Stojkovic escreveu também sobre o granizo, o seu aparecimento, modo de criação, estrutura e forma (Janc, 2002). Escreveu que o granizo pode cair em qualquer altura do ano, mas acontece sobretudo no verão. Os núcleos do granizo podem ser constituídos por neve ou gelo. A sua formação tem várias causas possíveis: espessura da nuvem que absorve o calor do sol, ventos que trazem ar frio das camadas mais altas para as mais baixas, bem como quando o ar contém demasiadas partículas salgadas ou sulfúricas. O núcleo do granizo tem inicialmente uma forma esférica mas, após a fusão com outras partículas, toma várias formas e cresce. Quanto maior for a altitude a que cai, maior será o seu tamanho; pode atingir até o tamanho de um ovo e causar danos significativos (Janc, 2002).

CAPÍTULO 3 - O INÍCIO DA PROTECÇÃO CONTRA O GRANIZO

Um artigo muito informativo sobre a supressão de granizo é "Shooting as defense from hail" na revista "Nova iskra" de 1900, escrito por M. Davidovic. O artigo apresenta o desenvolvimento histórico, o conhecimento contemporâneo do terreno e uma descrição pormenorizada dos canhões anti-granizo e da sua utilização.

No século XVIII, o oficial da marinha francesa Marquês de Chevrières apercebeu-se de que os tiros de canhão dispersavam as tempestades meteorológicas no mar. Foi o primeiro a utilizar canhões contra o granizo, utilizando este método na sua propriedade em Maconnais, a conhecida região produtora de vinho no sul da Borgonha (França). Após a sua morte, o tiro de canhão, como medida preventiva contra o granizo, passou a ser utilizado em 12 municípios franceses. Nesses municípios, os morteiros eram utilizados nas maiores elevações geográficas (Davidovic, 1900).

A utilização de canhões como método primário de supressão do granizo foi utilizada na Estíria (Áustria) no século XVIII, mas foi subsequentemente proibida por um decreto da Santa Imperatriz Romana Maria Theresia (1717-1780), apenas para ser novamente permitida em 1896. Pouco tempo depois, foi aceite que a supressão do granizo era bem sucedida com este método e foi então adotado em 1899 em Itália (Davidovic, 1900).

Não é por acaso que as operações sistemáticas de tentativa de desenvolvimento de um método de supressão do granizo tiveram início na Baixa Estíria (Áustria). Albert Steger, presidente do município de Windisch Feistritz, na Baixa Estíria, construiu um conhecido canhão anti-granizo com a forma de um funil, Figura 2. Colocou argamassa num tronco de madeira maciça oco e fixou um funil de aço de 2 m de altura, com um diâmetro inferior de 20 cm e um diâmetro superior de 79 cm, ao tronco oco, e à volta do interior da abertura superior foi fixada uma tira de ferro de 5 cm de largura como reforço. A eficácia destes canhões foi considerada como sendo apoiada pelo som forte que acompanhava o disparo dos canhões, pela força do morteiro e pela resultante agitação do ar que evitaria a ocorrência de granizo. Recomendava-se que os canhões/estações estivessem a cerca de 1 km de distância, independentemente do terreno do território defendido. Era necessário construir um barracão que servisse de invólucro ao canhão e aos seus operadores durante a sua utilização. Em cada um destes canhões anti-granizo eram utilizados cerca de 100 kg de pólvora por estação. Tendo em conta todos estes custos, gastava-se na Estíria, nessa altura, cerca de 2,15 coroas (unidade monetária) por hectare (Davidovic, 1900).

Milan Nedeljkovic (ver secção 5) explica que os canhões de supressão de granizo da época lançavam anéis de ar em redemoinho a uma altura de 300-400 m. No entanto, ele pensava que os canhões deste tipo não podiam impedir todas as formas de granizo e a sua distribuição nas áreas circundantes às estações onde os canhões eram utilizados, uma vez que os efeitos do canhão enfraquecem com a distância, diminuindo a sua influência na distribuição eléctrica e térmica (Nedeljkovic, 1904-1908).

Figura 2. Uma ilustração de canhões anti-granizo em ação, (Davidovic, 1900).

Na Sérvia, os aldeões também usavam espingardas para disparar contra nuvens que pensavam ser de granizo, com base na sua aparência (Nedeljkovic, 1904-1908). Também foram utilizados morteiros (Davidovic, 1900), Figura 3. Nas proximidades da cidade de Smederevo foram distribuídos morteiros nas colinas circundantes, Radut e Karadjordjevo brdo, (Pavlovic, 1980).

Figura 3. Morteiro do século XIX no Museu da Segunda Revolta Sérvia, situado na cidade de Takovo, (fotografia tirada por N. Janc, 2014).

Na Sérvia, antes de os canhões anti-granizo serem fabricados expressamente para o efeito, eram utilizados canhões feitos de madeira de cerejeira. Canhões semelhantes são agora exibidos nas feiras das aldeias e o seu disparo é exibido como uma atração geral, Figura 4. De acordo com a tradição oral, os canhões de metal que Karadjordje Petrovic, o líder sérvio durante a Primeira Revolta Sérvia (1804-1813), utilizou em batalhas contra os turcos também eram por vezes usados para disparar contra nuvens de tempestade, acreditando-se que tinham alguns benefícios na supressão do granizo, Figura 5.

Figura 4. Réplica de um canhão de madeira no Museu da zona de Rudnik-Takovo, na cidade de Gornji Milanovac, (fotografia tirada por N. Janc, 2014).

Figura 5. Uma réplica do canhão da Primeira Revolta Sérvia no Museu da Segunda Revolta Sérvia, na cidade de Takovo, (fotografia tirada por N. Janc, 2014).

Vladimir Jovanovic (ver secção 4.2) afirma, no seu artigo sobre climatologia, que os métodos de supressão do granizo eram os mesmos que os utilizados para a proteção contra trovões e relâmpagos, uma vez que, nessa altura, se pensava que o granizo era também um fenómeno elétrico. Descreveu um aparelho que tinha uma haste comprida com um topo metálico, à volta do qual se fixava o feno, e disse: "Foi concebido para dirigir a eletricidade da atmosfera para o solo. Infelizmente, este projeto não foi bem sucedido em lado nenhum, e os campos e vinhas não foram salvos do granizo." (Jovanovic, 1863). A utilização de tais poços nas vinhas foi mencionada por outros autores, mas nesses textos não há informação que revele explicitamente a razão pela qual foram abandonados após um período tão curto de utilização (Davidovic, 1900).

CAPÍTULO 4 - O INÍCIO DOS ESTUDOS SOBRE O GRANIZO NA SÉRVIA

O registo meteorológico e o processamento de dados sobre o granizo na Sérvia começaram logo após a fundação das primeiras estações meteorológicas, em meados do século XIX. Continuou depois de 1887, sob a direção do Observatório Astronómico e Meteorológico de Belgrado (ver Capítulo 5).

4.1. GRANIZO NOS DOCUMENTOS DE VLADIMIR JAKSIC

Vladimir Jaksic (1824-1899) foi professor do Liceu de Belgrado (1852-1862), membro da "Sociedade das Ciências Sérvias" e de outras sociedades científicas (Serviço Hidrometeorológico da República da Sérvia - RHMSS, 1987a). No Ministério das Finanças da Sérvia, organizou o primeiro departamento de estatística, que dirigiu até à sua reforma em 1888. Em 1848, foi a primeira pessoa na Sérvia a registar medições meteorológicas estruturadas. Após o regresso a Belgrado dos seus estudos na Áustria-Hungria e na Alemanha, trabalhou na fundação de uma rede de estações meteorológicas no território do Principado da Sérvia. Em 1856, esta rede tornou-se numa das mais densas redes do seu género no mundo (RHMSS, 1987a).

Jaksic afirma que o granizo é muitas vezes seguro para o homem, mas pode ser criticamente prejudicial para as plantas sensíveis, pelo que todos os incidentes de granizo devem ser registados e analisados num diário de observação (Jaksic, 1856). Quanto à medição da quantidade de precipitação de granizo, deve ter-se em conta que esta é quase sempre seguida de chuva, pelo que se deve medir a sua quantidade colectiva. Se acontecer que o granizo passe muito rapidamente e sem que haja chuva, a sua água exsudada deve ser medida e registada.

É interessante o facto de Jaksic ter introduzido pela primeira vez um sinal especial, X, nos seus relatórios impressos. Sendo um símbolo destinado a representar o granizo, pediu que fosse utilizado nos jornais meteorológicos para quaisquer relatos de granizo (Jaksic, 1856). No final do artigo, foi impresso um diário de observações meteorológicas, começando com o ano de 1850. As colunas foram marcadas em sérvio e alemão. A coluna "Acontecimentos aéreos" foi introduzida em maio de 1856. A primeira menção de um incidente de granizo acompanhado de trovoada foi relatada no jornal em 13 de maio de 1856 (Jaksic, 1856), Figura 6.

ГОДИНА 1856. Jahr.

МАЙ. Mai.

Дани / Tag	Топлота / Temperatur		Стање неба / Himmelsansicht	Киша / Regen	Снѣгъ / Schnee	Воздуш. пов. / Luftfeuchtig.	Влагомѣръ / Psychromet.	
	најв. höchste	најн. niedrig.		Линія. Linien.			сувый trocken	влаж feucht.
1	21·0	12·0	○	—	—	—	19·5	15·0
2	18·0	13·0	●	3·15	—	—	17·0	14·5
3	19·0	7·0	●	6·28	—	—	14·0	11·0
4	18·0	8·0	●	5·14	—	—	14·0	12·0
5	16·0	7 0	◑	3·42	—	—	10·5	9·5
6	19·0	8·0	◑	—	—	—	11·0	10·0
7	19·0	7 0	◑	—	—	—	14·0	11·0
8	18·0	14·0	◑	—	—	—	17·5	13·5
9	21·8	15·0	◑	·34	—	—	20·5	15·5
10	23·0	15·5	◑	—	—	—	17·5	15·0
11	21·8	13·6	◑	2·34	—	⊕	16·0	14·0
12	20·6	12 4	◑	—	—	⊕	14·0	12·0
13	18·5	13·2	◑	5·14	—	⊕Z	14·0	11·5
14	22·4	12·5	◑	—	—	—	19·0	17·0
15	22·5	14·8	◑	—	—	—	20·0	17·0
16	27·4	18·1	◑	—	—	—	24·5	20·5
17	15·0	13·8	◑	2·39	—	⊕Z	15·0	13·5
18	20·1	9·9	◑	—	—	—	17·0	14·5
19	23·7	12·8	◑	—	—	—	20·0	17·5
20	21·8	14·6	○	—	—	—	18·5	15·5
21	22·4	14·1	○	—	—	—	21·0	15·5
22	23·2	16·1	○	—	—	—	20·0	17·0
23	27·2	17·5	○	—	—	—	20·5	17·0
24	30·7	17·3	○	—	—	—	24·0	18·0
25	21·6	16·7	○	1·48	—	—	18·0	16·0
26	21·8	14·5	○	4·00	—	—	18·5	16·5
27	23·2	13·7	○	—	—	—	20·0	16·5
28	27·4	15·8	◑	—	—	—	24·5	19·0
29	31·0	19·6	○	—	—	—	27·5	22·0
30	33·5	22·3	○	—	—	—	28·0	22·5
31	35·0	23·5	○	—	—	—	31·0	22·0
Мѣс. Monat.	23·01	14·00	—	33·68	—	⊕ 3 / Z 2	18·90	15·55
○	—	—	5				—	—
◑	—	—	23	10 Дана — / „ Tage „			—	—
●	—	—	3				—	—
Свега Zusam	18·50		31	10. 33·68	—		69·7°	

Figura 6. Relatório meteorológico mensal para Belgrado, maio de 1856, onde pela primeira vez foi relatada a ocorrência de granizo e introduzido um sinal especial, Z. Os autores marcaram a data de 13 de maio com um retângulo.

Na publicação "Registos Estatais da Sérvia", em 1863, Vladimir Jaksic publicou "O Relatório I", ou seja, o primeiro relatório sobre as condições climáticas na Sérvia. Foi apresentado ao Ministério das Finanças em 1862. Este documento contém, entre outras coisas, uma análise simples da precipitação em Belgrado para o ano de 1862. No Principado da Sérvia, o ano foi seco, com o número de dias e os respectivos níveis de precipitação abaixo da média, com exceção dos meses de fevereiro e junho.

Vladimir Jaksic fez uma observação interessante sobre o mês de junho. Houve pouca precipitação até 17 de junho de 1862. No final do ano, Belgrado foi bombardeada por uma guarnição militar turca situada na fortaleza de Belgrado (Kalemegdan). As casas dos sérvios foram destruídas e muitas pessoas foram mortas e feridas. Após o bombardeamento de Belgrado, começou a chover muito e registou-se a precipitação mais forte na Sérvia em todo o mês de junho (Jaksic, 1863).

Jaksic (1863) recordou-nos que, de acordo com homens eruditos, num determinado momento da reflexão sobre a Guerra Civil dos Estados Unidos, até três dias após o disparo dos canhões, ocorria uma chuva intensa. A batalha de Gettysburg ocorreu na parte mais quente do mês, de 1 de julho de 1863 a 3 de julho de 1863, mas no dia seguinte, após o fim da luta feroz, o campo de batalha estava saturado não só de sangue, mas também de água da chuva (Internet 1).

Estas observações sobre a influência do disparo de canhões sobre as nuvens inspiraram a modificação proactiva do clima também noutros locais. Influenciado por histórias da Guerra Civil, em 1891 o Congresso dos EUA e o Departamento de Agricultura financiaram experiências no Texas com o objetivo de perturbar a calma da atmosfera, lançando balões com explosivos para provocar a formação de nuvens de chuva. Esta experiência não teve resultados positivos e foi abandonada após uma época (Haragan, 2010).

4.2. SARAIVA NOS DOCUMENTOS DE VLADIMIR JOVANOVIC

Vladimir Jovanovic (1833-1922) foi um conhecido político e economista sérvio. Em 1856, após ter regressado à Sérvia depois de ter estudado na Hungria, Áustria, Alemanha e França, foi nomeado gestor de uma quinta agrícola na aldeia de Topcider, perto de Belgrado (RHMSS, 1987b). Vladimir Jovanovic iniciou a sua colaboração com Vladimir Jaksic na fundação de estações meteorológicas. Inspirado por estas novas actividades, em 1863 Jovanovic publicou o artigo "Klimatologija"

("Climatologia") em conteúdo, cujo título completo é "Nauka o atmosferi i promenama u atmosferi i o njihovom znacaju za rastinje" ("Ciência da Atmosfera e Alterações na Atmosfera e a sua Influência nas Plantas") no "Herald of the Society of Serbian Science", (Jovanovic, 1863). Estes artigos permaneceram perdidos durante muito tempo, tendo sido encontrados na Biblioteca Nacional da Sérvia por N. Janc durante uma busca sistemática de publicações antigas em preparação para o 100º aniversário da fundação do Observatório Astronómico e Meteorológico de Belgrado, o que tornou possível a impressão da sua edição fotográfica em 1987 (RHMSS, 1987b).

Para além de escrever sobre o clima, Vladimir Jovanovic escreveu também sobre o granizo, para o qual utilizou o termo local "hitting". No capítulo "Eletricidade e Magnetismo", afirma que os seguintes fenómenos podem ser classificados como eléctricos: tempestades, relâmpagos com trovões e trovoadas, granizo, magnetismo e luz polar. Escreve também que a formação do granizo não é completamente compreendida, mas uma vez que fortes fenómenos eléctricos tendem a ocorrer simultaneamente na atmosfera, considera-se que o granizo também se desenvolve sob a influência da eletricidade e, portanto, deve ser considerado um fenómeno elétrico (Jovanovic 1863).

Jovanovic (1863) descreveu como o granizo se forma em nuvens espessas, baixas e largas, geralmente de cor cinzenta. O granizo consiste em grãos de gelo, de tamanho variável, que caem durante quinze minutos, geralmente antes da chuva, mas por vezes em conjunto com ela ou depois dela. A quantidade de granizo pode variar, mas, normalmente, cobre o solo até aos tornozelos. No seu livro, Jovanovic forneceu instruções para a observação climatológica de locais agrícolas que incluíam a monitorização e o registo de incidentes de granizo.

4.3. O GRANIZO NOS DOCUMENTOS DE DJORDJE STANOJEVIC

Djordje Stanojevic (1858-1921) foi um físico, astrónomo, o primeiro astrofísico sérvio, reitor (presidente) da Universidade de Belgrado (1913-1921) e um pioneiro da industrialização da Sérvia. Introduziu a luz eléctrica nas cidades da Sérvia, foi o construtor da primeira central hidroelétrica sérvia utilizando o sistema Tesla de corrente alternada, fez experiências com a primeira máquina de raios X, realizou a primeira emissão de rádio na Sérvia, etc. (Dimitrijevic, 2008a). Stanojevic foi o diretor do Observatório Astronómico e Meteorológico de Belgrado (1899-1900) e um grande divulgador da astronomia (Vidojevic, et al., 2008), mas também publicou trabalhos no domínio da meteorologia.

Stanojevic escreveu o livro "Setnja po oblacima" ("Walking on the clouds"), uma tradução reformulada e actualizada do livro francês "Les promenades dans les nuages" de C. Delan, (Janie, 2008). O livro é composto por sete capítulos. O quarto capítulo, intitulado "Nas nuvens", descreve o voo de um balão através das nuvens, durante o qual os cientistas investigavam a formação das nuvens e o desenvolvimento da chuva, da neve e do granizo, bem como realizavam experiências para examinar a eletricidade e as descargas eléctricas nas nuvens, (Janie, 2008).

Jules Janssen (1824-1907) é bem conhecido como o fundador do "Observatoire d'Astronomie Physique de Paris (localizado em Meudon). Apresentou o trabalho de Stanojevie e comentou-o na reunião da Academia, mencionou Stanojevie nos seus trabalhos em vários contextos (Dimitrijevie, 2008b). Janssen também analisou, nos *Comptes Rendus,* o artigo: Stanoiéwitch, *Méthode électro-sonore pour combattre la grêle.* "O autor apresentou uma abordagem para combater o granizo através do disparo de canhões, referindo-se aos cálculos dos meteorologistas vienenses Pernter e Trabert, que descobriram que a onda de choque de forma toroidal não atingia mais de 400-500 m de altura, com a intenção de perturbar as condições necessárias para a formação de granizo através de vibrações adicionais. No congresso de Pádua (Itália), em 1900, foram apresentados resultados bastante contraditórios, segundo os quais o disparo era especialmente ineficaz quando se tratava de catástrofes muito graves. A onda de choque de ar, ao atingir a altura necessária, perdia quase completamente a energia necessária para provocar perturbações suficientemente fortes. Sugeriu-se que se experimentassem balões com explosivos, ligados à terra por um forte fio de aço com condutor de alumínio ou cobre ligado a uma forte bateria de terra. Estes balões seriam semelhantes aos balões meteorológicos para medições", (Janssen, 1901).

Outro astrónomo francês, Benjamin Baillaud (1848-1934), apresentou o trabalho de Stanoiéwitch, *L'aéroplane et la grêle*, nos *Comptes Rendus*: [th]"No final do século XIX, foram feitos muitos esforços para combater o granizo com ondas de choque produzidas por canhões especiais. Para além dos exemplos de grande sucesso, havia muitas tentativas completamente falhadas. Era claro que a chave para conhecer as condições exactas de um equilíbrio específico necessário para formar o granizo e como o interromper. Sugeriu-se que se experimentassem métodos em que a aeronave voasse para a nuvem portadora de granizo antes da formação dos núcleos de granizo, e a hélice, juntamente com o ar deslocado pelo corpo da aeronave, provocasse perturbações suficientemente graves para perturbar este delicado equilíbrio necessário à formação do granizo. No final, perguntava-se se não teria chegado o momento de o homem, juntamente com a natureza, ter um impacto sobre o tempo" (Baillaud, 1920).

CAPÍTULO 5 - OBSERVATÓRIO METEOROLÓGICO NA SÉRVIA

Milan Nedeljkovic (1857-1950) foi o fundador e o primeiro diretor do Observatório Astronómico e Meteorológico da Sérvia. Na sua juventude, depois de ter completado os seus estudos regulares em Belgrado com propinas pagas pelo governo, continuou os seus estudos em França, na Sorbonne e no College de France, Observatório de Paris no Parc St. Maur. Trabalhou também na famosa oficina de mecânica de precisão do Sr. Gautier (1842-1909), (Nedeljkovic, 1904-1908).

Depois de regressar do Observatório de Paris em 1884, Milan Nedeljkovic começou a organizar o Observatório Astronómico e Meteorológico em Belgrado, na Sérvia (Nedeljkovic, 1898), Figura 7.

Figura 7. Observatório Meteorológico em Belgrado, (fotografia tirada por N. Janc, 2014).

Em 1885, o Ministro da Educação do Reino da Sérvia formou uma Comissão que constituiu o primeiro esforço oficial para a organização de redes meteorológicas, tendo Milan Nedeljkovic sido nomeado chefe do projeto. Com a eclosão da guerra sérvio-búlgara em 1885, a realização deste projeto aprovado (Nedeljkovic, 19041908) foi adiada, tendo o Observatório Astronómico e Meteorológico de Belgrado sido fundado mais tarde, em 1887.

O Observatório tinha as seguintes tarefas: ser um pequeno observatório astronómico para astronomia aplicada e precisa; ser um grande observatório meteorológico para observações meteorológicas quotidianas e investigação; atuar como sede para todas as estações meteorológicas na Sérvia; e atuar como um pequeno observatório centrado no campo magnético da Terra, encarregado de monitorizar as condições dos sismos com um sismógrafo (Nedeljkovic, 1898).

5.1. OBSERVAÇÃO E TRATAMENTO DO GRANIZO NO OBSERVATÓRIO

De acordo com Trajkovska e Dimitrijevic (2000), Milan Nedeljkovic, como primeiro diretor do Observatório Astronómico e Meteorológico de Belgrado, escreveu instruções para a observação e registo de fenómenos de granizo e tempestades (Nedeljkovic, 1901a; 1901b; 1901c), Figura 8.

Além de registar os fenómenos meteorológicos em "diários climatológicos" normalizados nas estações meteorológicas, foram introduzidos relatórios especiais para o registo de tempestades e, em especial, de ocorrências de granizo, que eram depois enviados para o observatório para processamento posterior. Foi mantido um registo da ocorrência de granizo e os observadores eram obrigados a mantê-lo atualizado, enviando as suas notas ao observatório no final do ano, Figura 9.

Com base nos relatórios recebidos, Nedeljkovic efectuou estudos sobre o fluxo/desenvolvimento das tempestades mais fortes, especialmente as de granizo, e enviou-os para publicação no jornal "Novine serbske", (Nedeljkovic, 1904-1908). Presume-se que o tenha feito com a intenção de informar os especialistas e o público em geral sobre as actividades do Observatório, de estimular novas actividades e de dar a estas novas actividades uma aplicação prática clara.

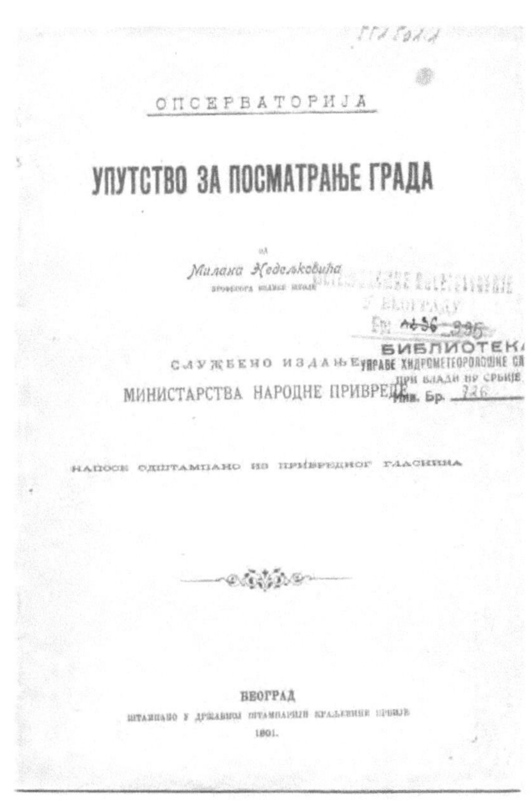

Figura 8. Capa, em escrita cirílica sérvia, da publicação "Hail observation instruction manual" de Milan Nedeljkovic (1901b).

Nedeljkovic considerou que, para além de uma rede básica de estações meteorológicas, era também necessário formar uma rede adicional de estações de tempo severo. Estas seriam estações em novos locais, a partir das quais apenas seriam registados e enviados relatórios sobre as caraterísticas do tempo severo, tais como o desenvolvimento e a monitorização de trajectórias. Considerou-se que a existência de mais estações meteorológicas de tempo severo seria de grande importância para a agricultura, a economia e a ciência. Uma nova rede de estações tornaria mais eficiente a supressão planeada do granizo e os novos dados ajudariam as companhias de seguros a planear as suas actividades de forma mais informada (Nedeljkovic, 1904-1908).

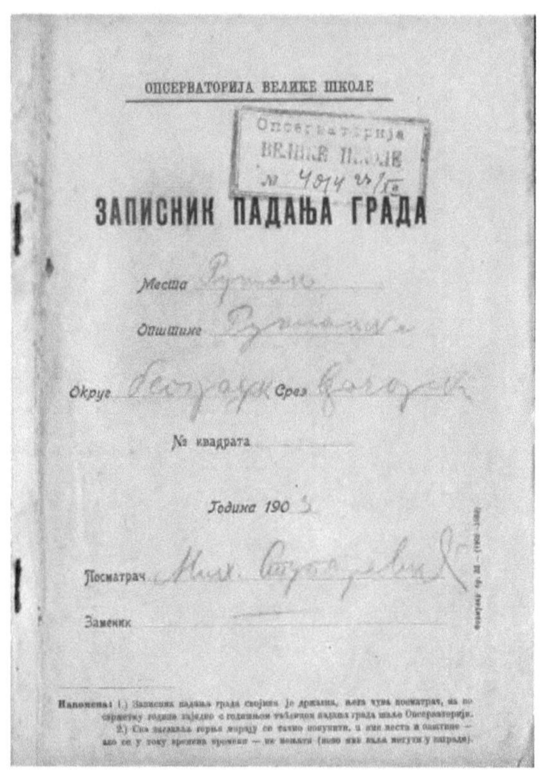

Figura 9. Capa, em escrita cirílica sérvia, do jornal meteorológico sobre a observação de ocorrências de granizo, "Journal of hail occurrence", de 1903, na localidade de Rusanj (perto de Belgrado), que o observador Mih(ailo) Stuparevic assinou.

Esta rede adicional era constituída por estações meteorológicas severas que funcionavam sem instrumentos. A sua função básica consistia em registar, em tabelas especiais, dados gerais relativos a qualquer situação meteorológica severa observada, como chuva, tempestades, granizo, relâmpagos e trovões, e depois enviar esses dados para o observatório (Nedeljkovic, 1907a). Com o objetivo de acelerar o processo de obtenção e tratamento de dados, foi criado um sistema organizado no serviço de correio do Reino da Sérvia. A primeira rede de "estações de tempo severo (e granizo)" utilizava as estações telegráficas existentes, Figura 10.

Figura 10. Funcionários dos correios na cidade de Aleksinac por volta de 1890-1910 (imagem cortesia do Museu Postal de Belgrado).

O Ministro da Economia emitiu uma ordem aos telegrafistas em março de 1889, insistindo para que monitorizassem o tempo severo de acordo com as "Instruções Meteorológicas" escritas por Milan Nedeljkovic. O Ministro também aprovou (Decisão, 1889a) a correspondência gratuita entre estações meteorológicas e estabeleceu que os telegramas das estações meteorológicas dirigidos ao Observatório em Belgrado deveriam ser recebidos e enviados todas as manhãs às 8h com direito de precedência e sem custos. Com a aprovação do Ministro da Educação (Decisão, 1889b), a Tipografia Estatal do Reino da Sérvia imprimiu os postais meteorológicos reais-sérvios, necessários para o envio de relatórios sobre condições climatéricas adversas, Figura 11.

O observatório enviou 30 cartões a cada uma das estações meteorológicas: em Nis, Pozarevac, Sabac, Valjevo, Uzice e Pirot. Nedeljkovic entregou 4.500 destes cartões ao departamento telegráfico e postal do Ministério da Economia para serem enviados às estações telegráficas (Nedeljkovic, 1904-1908). Em maio de 1889, as estações telegráficas (Nedeljkovic, 1904-1908). Em maio de 1889, o departamento telegráfico recebeu 15 cartões postais nos quais foram impressos formulários para o preenchimento de dados meteorológicos sobre tempo severo (Decisão, 1889b). No mês seguinte, o observatório recebeu apenas cartas das estações telegráficas de Pozarevac, Valjevo, Obrenovac, Ub, Arandjelovac, Topola e Svilajnac. Por este motivo, os correios avisaram os telegrafistas das outras estações de que seriam objeto de sanções se não cumprissem as suas obrigações (Decisão, 1889c). Foi também avisado que os telegrafistas que não compreendessem e dominassem completamente as observações meteorológicas poderiam pedir ajuda diretamente ao Observatório (Decisão, 1889c). Tudo isto indica a seriedade com que os Correios da Sérvia encararam a tarefa e a sua cooperação com o Observatório. Entre maio e junho de 1889, o observatório recebeu relatórios meteorológicos em 722 cartas (Nedeljkovic, 1904-1908).

КРАЉЕВСКО-СРПСКА

ПОШТАНСКА КАРТА

ПОСМАТРАЊЕ НЕПОГОДЕ

БЕОГРАДСКОЈ ОПСЕРВАТОРИЈИ

БЕОГРАД.

Округ: _______   Место: _______

НЕПОГОДА 18___ ГОД.

Срез: _______   Општина: _______

дана: _______   Редна № непогоде: _______

ЧАСОВИ			Тачка хоризонта одакле непогода долази	Правац у којем наоблачење напредава	Врста и правац облака	Снага и правац ветра	Јачина муње	Јачина грмљавине	Јачина и трајање кише	Град, његова количина и трајање
почетка непогоде	најаче непогоде	свршетка непогоде								

Означити:
1° Да ли је непогода прешла преко места и преко којих других места;
2° По којој су страни муње видјене;

РАЗЛИЧНА ПОСМАТРАЊА:
О изгледу непогоде, стању неба пре и после непогоде, штетама проузрокованим ветром, кишом, градом или громом —

У _______ дана _______ 18___ Посматрач: _______

Figura 11. As primeiras cinco linhas em escrita cirílica sérvia são provavelmente o texto da frente de um cartão. O resto foi impresso na parte de trás do cartão, onde o associado do Observatório escreveu o relatório e o enviou por correio para o endereço já impresso (explicação recebida por cortesia do Museu Postal de Belgrado, 2015).

No mesmo ano de 1889, houve tentativas de incluir os telegrafistas das estações de caminho de ferro na monitorização do mau tempo, mas a administração dos caminhos-de-ferro estatais da Sérvia recusou essa proposta. A sua explicação foi que o Estado tinha assumido recentemente o controlo dos caminhos-de-ferro e que os seus empregados estavam demasiado ocupados com o seu trabalho normal (Nedeljkovic, 1904-1908).

Em 1904, o observatório recebeu um programa de trabalho organizado, dividido por departamentos. Um deles era o "Departamento de medição da chuva e do tempo severo", cujos supervisores eram as senhoras Natalija Vovesova e Persida Jankovic. Este departamento controlava o material sobre o granizo e o tempo severo, procedia ao seu processamento e efectuava apresentações gráficas e tabulares. Os resultados obtidos foram posteriormente comparados e ajustados com os dados do Departamento de Climatologia, de modo a poderem ser apresentados nos Anais do Observatório como uma edição periódica. O Boletim Mensal (Bulletin Mensuel), juntamente com outros dados meteorológicos, tais como quantidades de precipitação de granizo (mm), e o número de dias com granizo e dias com "tempestades e flashes", também foi publicado (Nedeljkovic, 1905).

O Ministro da Economia Nacional e o Ministro dos Assuntos Internos obrigaram todos os municípios da Sérvia a participar no preenchimento de cartões especiais após cada ocorrência de granizo e, nos meses de verão, a enviar relatórios semanais adicionais sobre o mau tempo e a chuva. Infelizmente, este procedimento não foi mantido, uma vez que a reação dos colaboradores nas comunidades das aldeias foi reduzida. Nedeljkovic ficou surpreendido com este facto, pois pensava que os próprios habitantes das aldeias beneficiariam mais com a tarefa de construir sistemas preventivos a partir de conclusões estabelecidas com base em padrões observados em incidentes de granizo e mau tempo. Para dar início a esta tarefa, Nedeljkovic conseguiu obter uma nova ordem do Ministro, segundo a qual os municípios eram obrigados a enviar regularmente relatórios sobre o mau tempo e o granizo. Foi mesmo especificado que isso deveria ser feito pelo segundo secretário de cada município, que também desempenhava funções postais (Nedeljkovic, 1904-1908).

Em 1903, o Observatório recebeu apenas 97 relatórios sobre mau tempo e 24 relatórios sobre granizo de todos os municípios da Sérvia (Nedeljkovic, 1904-1908). Devido à falta de cooperação entre autoridades incompetentes, este tipo de trabalho foi diminuindo com o tempo. Em 1905, apenas um pequeno número de municípios enviava os seus relatórios ao Observatório. Infelizmente, Nedeljkovic teve de concluir, no seu "Relatório para 1905/1906", que o sucesso esperado na tarefa de examinar e obter conhecimentos sobre o mau tempo e as "condições de granizo" na Sérvia foi um fracasso. O sucesso era necessário para estabelecer a base da supressão do granizo na Sérvia (Nedeljkovic, 1907a).

Em 1907, a participação dos municípios diminuiu (Nedeljkovic, 1908). Devido à escassez e insuficiência de recursos do próprio Observatório, Nedeljkovic tentou que o Ministério da Economia Nacional imprimisse as fichas e tabelas dos relatórios sobre os fenómenos observados de granizo, tempo severo e chuva e as colocasse à disposição do Observatório. Não teve sucesso (Nedeljkovic, 1907a).

5.2. SUPRESSÃO DE GRANIZO SOB A GESTÃO DO OBSERVATÓRIO

Por iniciativa do Ministério da Economia Nacional, da Sociedade Agrícola Sérvia e da Associação de Viticultores, foram encomendados, no início de 1900, os métodos mais avançados disponíveis para a supressão do granizo. Foi proposto que a supressão sistemática do granizo fosse efectuada de acordo com as instruções e sob a direção do Observatório Meteorológico de Belgrado.

Em 2 de março de 1902, realizou-se uma reunião de cidadãos na cidade de Smederevo (Sérvia), na qual foi decidido que o disparo de canhões contra nuvens com granizo deveria começar nesse mesmo ano. O departamento de administração de Smederevo imprimiu uma proclamação sobre este assunto num cartaz em março de 1902, Figura 12.

A supressão do granizo era efectuada através do disparo de canhões especialmente construídos para o efeito contra as nuvens de granizo. Os disparos deviam ser efectuados a partir de cerca de dez canhões num mesmo local. Por exemplo, nas vinhas do rei, na cidade de Smederevo, havia oito canhões, mas a supressão do granizo não era apenas efectuada sistematicamente, mas também através de um método modificado. Os viticultores de Smederevo mantinham apenas um canhão, pensando que seria suficiente para dispersar ou reduzir o granizo.

ГРАЂАНСТВУ

ВАРОШИ СМЕДЕРЕВА.

На збору грађана држаном 2-ог овог месеца, једногласно је решено да се још ове године приступи обезбеђењу винограда и усева у атару општ. смедеревске, пуцањем против облака градо-ношња. То ће се извршити по плану и саветима које је дао и даваће нам најбољи познавалац тог посла г. М. Недељковић проф. В. Школе. И овај се посао мора на време почети а време му је већ.

Управа пољопр. подружине учинила је норане под мин. нар. привреде пољопривред. друштва, општине смедеревске и других корпорација да новчано помогну извођење ове мере, а сад се на грађане обраћа позивом и молбом да сообразно одлуци зборској ПОЛОЖЕ ДО КРАЈА ОВОГ МЕСЕЦА (31. марта) половину суме која пада на њих, подружиноме благајнику г. Петру Митровићу њих-пару. На сваких иљаду чоката има се на име прве половине упла-тити по ДИНАР И ПО. У број чоката улаза и оно што се ове године ша-ели засадити, јер и младом засаду исто као старијем, ако не више треба заштита од града. Сваки виноградар моћи ће лако израчу-нати величину овог улога.

Три динара свега од иљаде лоза плаћа се само ове године и исте се сад набави трајаће десетинама година. У будуће има се трошити само на послугу и барут, а подружина је учинила норане да то не падне на терет грађана.

Свака новина или НЕИЗВЕСНОСТИ, тражи напора и жртава. Смедеревци су их недели око обнављања винограда и ево да се данас по њиховом примеру, са ИЗВЕСНОШЋУ засеђује лоза и у крајевима који су били испуњени непове-рењем према калемљењу лозе. Они треба да прокрче пута и овој новој установи обезбеђења, како би без страха и нобне, обезбрижени, могли уживати плодове свог рада и овет дати виноградарима у отаџбини још један пример. Приступимо извр-шењу овог посла онако сложно и одушевљено како смо га решили. Нека се не потврди прекор, да је наше одушевљење плехана пећ.

Подружина моли грађане да почну г. Митровићу полагати новац за на-бавку плавог камена и других потреба пошто је и томе време.

12. Марта 1902. год.
Смедерево.

УПРАВА СМЕД. ПОЉОПР. ПОДРУЖИНЕ.

Figura 12. Um cartaz, em escrita cirílica sérvia, com um anúncio aos cidadãos de Smederevo sobre a intenção de, no seu município, começar a supressão do granizo em 1902, de acordo com os planos e conselhos de Milan Nedeljkovic, Diretor do Observatório e Professor do Liceu de Belgrado.

Se introduziram esta modificação devido à crença de que um canhão é suficiente, ou para poupar dinheiro, ou por qualquer outra razão, só pode ser agora uma questão de especulação. Um ano, na cidade de Nis, três pessoas ficaram feridas devido aos tiros de canhão, duas das quais sofreram queimaduras graves. O disparo das nuvens não era inofensivo, mesmo naquela altura (Nedeljkovic, 1904-1908).

No primeiro ano, os agricultores tiveram de pagar 3 dinares (unidade monetária) por cada 1 000 plantas de videira, para a supressão do granizo. Nos anos seguintes, os agricultores tiveram de cobrir as despesas dos trabalhadores que realizaram as actividades de eliminação do granizo e da pólvora utilizada. Se tal não fosse possível, os fundos seriam retirados do orçamento de Estado. O Ministro da Economia Nacional pediu a Nedeljkovic que ajudasse, em nome do Observatório, na organização da supressão do granizo. Nedeljkovic aceitou, mas insistiu em que a supressão do granizo fosse efectuada apenas nas condições técnicas prescritas pela comissão de peritos e que toda a supressão do granizo em Smederevo fosse efectuada exclusivamente sob o seu controlo, tal como anunciado no cartaz. No entanto, esta cooperação não funcionou, uma vez que os viticultores de Smederevo levantaram objecções. Pouco depois, Nedeljkovic abandonou este projeto e tudo foi adiado (Nedeljkovic, 1904-1908). Mais tarde, a supressão do granizo voltou a ser efectuada, mas fora da jurisdição do Observatório.

Para satisfazer as necessidades dos viticultores de Smederevo, foram comprados em Budapeste (Hungria), em 1908, 16 canhões anti-granizo, que foram colocados em condições de serem utilizados no ano seguinte. Para além da compra de canhões especiais, oito dos quais foram fabricados de acordo com o sistema húngaro e colocados nas vinhas do rei, a supressão do granizo não era feita de forma sistemática (Nedeljkovic, 1904-1908). Foi colocado um canhão de sinalização na margem do Danúbio, que soava quando a silhueta ameaçadora de uma nuvem com granizo era avistada a oeste, acima da montanha Avala, perto de Belgrado. A utilização mais frequente dos canhões anti-granizo era entre junho e agosto, chegando por vezes a ser disparados 500 tiros ao longo de uma estação (Pavlovic, 1980).

Um canhão fabricado segundo o sistema húngaro teria até 3 m de altura, com a forma de um funil alongado feito de estanho de 2 mm de espessura, reforçado por cintas grossas e assente em (geralmente três) pernas de ferro, Figura 13. A parte superior da abertura do seu tubo tinha cerca de 40 cm de diâmetro e a parte inferior 15 cm. O canhão era enchido pela parte superior, pressionando a terra e pequenas pedras, e perto do fundo do cano havia pólvora mineira que era acesa através de uma pequena abertura. Na parte inferior do cano, numa ranhura de ferro, era colocada uma carga com a tampa, de 8 cm a 20 cm e um cartucho de latão. Na extremidade, havia uma alavanca dobrada amarrada a um cordel que era puxado a uma distância segura. A alavanca batia no cartucho e, através da pólvora, a espoleta fazia disparar o canhão de forma segura para os seus operadores (Pavlovic, 1980).

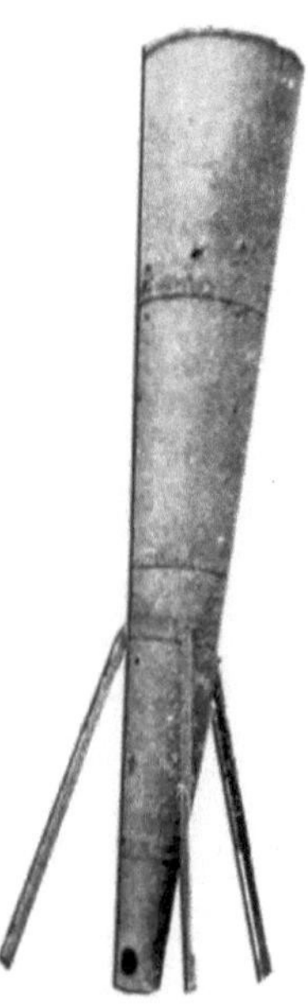

Figure 13.   Um canhão anti-granada do início do século XX, utilizado na
zona de Smederevo. Um deles esteve guardado durante muito tempo nas imediações do palácio do rei
em Smederevo, mas foi retirado e os seus vestígios perderam-se no tempo (imagem cortesia
do Museu de Smederevo).

De acordo com as necessidades da época, a indústria foi incluída na supressão de granizo e iniciou-se a produção de canhões de supressão de granizo (Janc, 1987). Em 2 de setembro de 1902, os irmãos Godjevac enumeraram no seu relatório ao Ministro da Economia e do Tráfego da Sérvia os artigos que produziam na sua fábrica/fundação. Entre eles estavam os canhões anti-granizo (Janc, 1987). Os irmãos Godjevac da fábrica colocavam frequentemente anúncios no jornal diário "Politika" durante o ano de 1905. Neles publicitavam os seus produtos, tais como mobiliário de jardim, frigoríficos, imagens do seu fabrico de pontes de ferro, e os mais proeminentes eram os anúncios em que salientavam que fabricavam "Canhões para disparar contra as nuvens para a supressão do granizo. O último e mais avançado sistema", como se pode ver na Figura 14, o anúncio publicado a 5 de junho de 1905 (Janc, 1987). Se os canhões foram produzidos e em que número exato foram utilizados é desconhecido até agora.

Figure 14. Anúncio da fábrica dos irmãos R. Godjevac, de Belgrado, no jornal diário "Politika", de 1905, sobre o fabrico de canhões. Os autores assinalaram com um retângulo "Canhões para disparar contra nuvens para supressão de granizo. O sistema mais recente e mais avançado" (Janc, 1987).

5.3. AVALIAÇÃO DA SUPRESSÃO DO GRANIZO E CÁLCULO DOS DANOS

O Primeiro Congresso Internacional dedicado à supressão do granizo realizou-se na cidade de Casale Monferato (Itália) de 6 a 8 de novembro de 1899. O Congresso contou com cerca de 500 participantes. Para além de cientistas, havia participantes dos Ministérios da Agricultura, dos Exércitos e dos Ministérios do Interior de muitos países. Nessa ocasião, a maioria das conclusões a que se chegou foi que os resultados obtidos eram satisfatórios e que se indicava que o disparo das nuvens era uma forma eficaz de resolver os problemas causados pelo granizo e que este método devia ser adotado ou continuado (Davidovic, 1900).

Milan Nedeljkovic, participante no Congresso e Diretor do Observatório Meteorológico da Sérvia, foi abordado por muitas pessoas que lidavam com a agricultura e foi-lhe pedida a sua opinião sobre a eficácia da supressão do granizo. Sendo minucioso, Nedeljkovic decidiu "Resolver a nossa situação" (Nedeljkovic, 19041908). Em julho de 1901, Nedeljkovic e Pernter (1848-1908), o Diretor do Instituto Meteorológico Central de Viena, viajaram para St. Katharein, na Estíria (Áustria), onde participaram juntos em experiências com canhões anti-granizo fabricados por Greinitz Neffen, (Nedeljkovic, 1904-1908). Após estas experiências, a opinião de Nedeljkovic era que a supressão de granizo através de canhões era inútil. No entanto, ele achava que a investigação devia continuar, uma vez que, no método estatístico, o período de avaliação era de apenas seis anos, o que, na sua opinião, não era suficientemente representativo. Nedeljkovic dá um exemplo, afirmando que no período entre 1890 e 1895 houve poucos dias com granizo e se a supressão de granizo fosse usada nesse período, a conclusão seria que a supressão de granizo foi bem sucedida devido aos incidentes mínimos de granizo, (Nedeljkovic, 1904-1908).

O Ministério da Agricultura austríaco reuniu-se na "Conferência Internacional de

Peritos", realizada em Graz de 21 a 24 de julho de 1902, para discutir o tema da supressão do granizo. Milan Nedeljkovic estava entre os 68 peritos convidados. Apresentou o seu trabalho escrito com opiniões e propostas com as quais a maioria dos peritos globais presentes concordou (Nedeljkovic, 1904-1908). A maioria dos participantes considerou que a ciência é impotente para ajudar a utilizar quaisquer métodos mecânicos e que a supressão do granizo com canhões era "bastante suspeita", mas foi concedido que as experiências com canhões poderiam prosseguir de qualquer forma. Como meio de proteção contra o granizo, Nedeljkovic também propôs que pequenas parcelas de vinha pudessem ser protegidas, cobrindo-as com grelhas especiais (Nedeljkovic, 1907b).

No que respeita à supressão do granizo e aos danos causados pelo granizo, as companhias de seguros já apareciam como partes interessadas na altura em que Milan Nedeljkovic se inteirou do assunto. Afirmou que a companhia de seguros Versicherungskammer, de Munique, efectuou uma excelente supressão de granizo numa grande área de vinhas, pomares e culturas na região da Baviera, na Alemanha (Nedeljkovic, 1907b). Nedeljkovic não foi específico quanto ao tipo de supressão de granizo; não é claro se a Versicherungskammer apenas realizou uma excelente atividade de seguro ou se também ajudou na colocação de canhões de supressão de granizo e na cobertura das vinhas com grelhas especiais.

No Reino da Sérvia, no período de 1889 a 1895, o granizo causou danos no valor total de 72 442,78 dinares numa área média de 151 229 ha (Davidovic, 1900). Não se sabe se as áreas danificadas estavam seguradas e qual o montante da indemnização.

Por ocasião da entrada em vigor da lei sobre a proteção contra o granizo, no final de 1905, Nedeljkovic sugeriu ao Ministro da Economia Nacional a inclusão de um artigo na lei que estipulava que os municípios deviam ser obrigados a apresentar um relatório ao Observatório sobre cada incidente de granizo. Esta proposta não foi aceite (Nedeljkovic, 1907a). Nedeljkovic considerou que se tratava de um erro tremendo e que levou a que o seu plano de envio rotineiro de relatórios dos locais de supressão de granizo não funcionasse. Se tudo tivesse funcionado de acordo com a sua proposta, teria sido uma grande ajuda para o Ministério da Economia Nacional, uma vez que existiria um registo dos pedidos enviados pelos agricultores solicitando indemnização pelos danos causados às suas culturas pelo granizo, (Nedeljkovic, 1908).

CAPÍTULO 6 - REPRESSÃO DO GRANIZO ENTRE AS DUAS GUERRAS MUNDIAIS

Na sua retirada da Sérvia, no final da Primeira Guerra Mundial, o exército de ocupação levou quase todos os instrumentos do Observatório Astronómico e Meteorológico. Nos primeiros anos do pós-guerra, foram envidados esforços intensos para assegurar a devolução dos instrumentos e para reparar os danos existentes. Após a fundação do novo Estado, o Reino dos Sérvios, Croatas e Eslovenos, mais tarde designado por Jugoslávia, o âmbito do trabalho meteorológico do Observatório aumentou consideravelmente, uma vez que o território sob a sua jurisdição se expandiu consideravelmente. Esses novos territórios são os actuais territórios de: Voivodina, Montenegro, Croácia, Bósnia e Herzegovina, Eslovénia e a costa do Adriático. No entanto, pouco tempo depois, o material meteorológico da costa do Adriático foi entregue a Zagreb e Split (cidades da Croácia) para processamento. Durante algum tempo, o Observatório continuou a trabalhar de acordo com a sua antiga estrutura organizacional, mas em 1924 foi dividido em Observatório Astronómico e Observatório Meteorológico (RHMSS, 1987c). Desde então, os dois organismos continuaram a funcionar de forma autónoma.

Nos jornais meteorológicos, continuaram a ser mantidos registos das ocorrências de granizo e os dados continuaram a ser tratados estatisticamente. No período entre a Primeira e a Segunda Guerra Mundial, a supressão generalizada do granizo não foi efectuada sob a direção do Observatório, embora continuasse a ser uma prática em alguns territórios. Um exemplo notável são as vinhas no sul de Banat (região de Vojvodina, Figura 18), cujos proprietários estavam por sua conta. Os disparos contra nuvens de granizo eram efectuados com morteiros cheios de carboneto e com canhões anti-granizo que restaram do Império Austro-Húngaro.

CAPÍTULO 7 - REPRESSÃO DO GRANIZO APÓS A SEGUNDA GUERRA MUNDIAL

O conceito de supressão avançada do granizo foi concebido após a Segunda Guerra Mundial e continua a ser relevante para as práticas meteorológicas até aos dias de hoje. A essência deste conceito é que as nuvens com granizo podem ser tratadas com iodeto de prata e substâncias químicas semelhantes com o objetivo final de diminuir os incidentes de granizo e, consequentemente, os danos que causam (Gavrilov et al., 2010). Na altura, o tratamento químico das nuvens de granizo parecia cientificamente justificado, uma vez que o tipo de nuvem cumulonimbus (Cb), (WMO, 1987), a causa da ocorrência de granizo, tinha recebido uma desmistificação científica parcial, Figura 15.

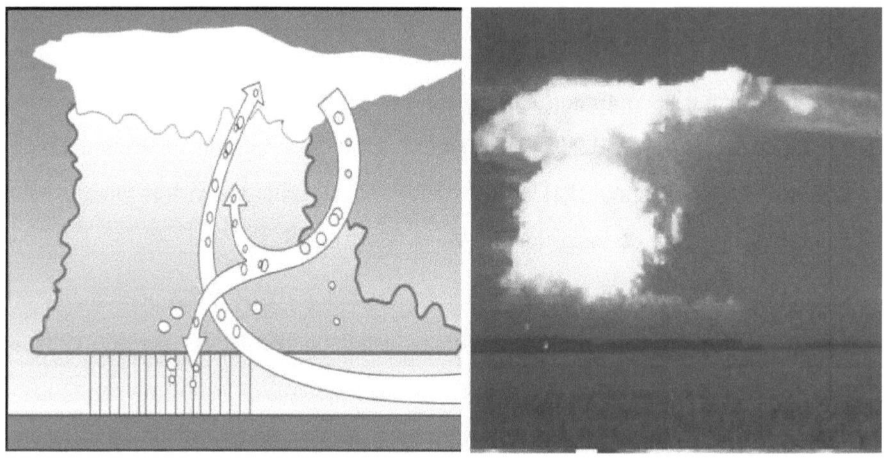

Figura 15. O tipo de nuvem cumulonimbus (Cb), ou trovoada: à esquerda - uma secção transversal mostrando os fluxos de granizo (círculos e setas) e à direita - fotografia de uma nuvem Cb individual, (Gavrilov, 2001).

Foi estabelecido que, em média, uma trovoada moderada dura cerca de 30 minutos, tem um diâmetro de aproximadamente 20 km e tem uma energia semelhante a uma explosão nuclear de aproximadamente 400 kt (Gburcik, 2002). Além disso, surgiu uma série de outros factos sobre o tipo de nuvem cumulonimbus. Todos estes conhecimentos contribuíram para a constatação de que uma influência propositada sobre a nuvem com o objetivo de evitar a ocorrência de granizo através do controlo da energia mecânica, ou pelo procedimento anteriormente implementado de "disparar para dispersar". Parecia pouco provável que fosse um método eficaz. O "calcanhar de Aquiles" do granizo foi descoberto através do controlo de processos microfísicos/químicos dentro da nuvem, ou seja, a utilização de sementeira de nuvens com iodeto de prata (Curie, 2001).

7.1. HIPÓTESE SOBRE O EFEITO DAS NUVENS COM GRANIZO

Uma hipótese sobre a modificação das nuvens com granizo (a hipótese da sementeira) baseou-se num conceito do efeito do iodeto de prata nas nuvens cumulonimbus, uma ideia que será apresentada no texto em itálico que se segue.

O número de potenciais núcleos de deposição aumenta com a introdução/semeadura de pequenos cristais de iodeto de prata na nuvem. O iodeto de prata cristaliza-se numa grelha/estrutura hexagonal, semelhante à da água. Presume-se que os seus pequenos cristais servirão como núcleos de deposição adicionais (e falsos) à volta dos quais se acumularão moléculas de vapor de água (sobrearrefecido). ***Espera-se que os cristais de gelo cresçam nos núcleos artificiais, tal como acontece com os núcleos naturais, de modo a que cada grão de granizo assim fabricado diminua de tamanho e possa derreter durante a queda.*** *Desta forma, em vez de granizo grande e destrutivo, serão produzidos granizo ou chuva mais pequenos* (por exemplo, Sulakvelidze, 1969).

O principal objetivo desta hipótese é explicar por que razão, depois de semear a nuvem com iodeto de prata, se produziria granizo mais fraco e chuva mais forte. É de salientar que as experiências dispendiosas e a grande experiência prática nunca confirmaram esta hipótese e nunca se tornou uma teoria científica geralmente aceite.

A hipótese da sementeira foi aplicada pela primeira vez com os fazedores de chuva nos Estados Unidos da América (EUA). Estes tentaram provocar chuva plana nas zonas áridas da América. A aplicação desta hipótese também ocorreu na Geórgia (antiga URSS) para proteger as vinhas do granizo. Os georgianos chegaram mesmo a convencer o Exército Vermelho (URSS) a disparar iodeto de prata sobre as nuvens através de foguetes katjushas (Gburcik, 2002). Neste caso, a supressão contemporânea do granizo foi estabelecida com base em: (i) uma hipótese relativa à modificação das nuvens portadoras de granizo, que se esperava viesse a tornar-se uma teoria científica e (ii) tecnologia avançada, como foguetes, radares e comunicações electrónicas. Na década de 1960, este projeto foi aceite e designado por

"modelo soviético" (Federer et al, 1986), na URSS (Sulakvelidze, 1967), na antiga Jugoslávia e em muitos outros países do mundo.

7.2. DISTRIBUIÇÃO DA SUPRESSÃO DO GRANIZO CONTEMPORÂNEO

Muitos países aceitaram as actividades contemporâneas de supressão do granizo com cautela, em resposta à sua eficácia questionável. Há trinta anos, foi organizada na Europa Ocidental (na Suíça, em França e na Alemanha) uma experiência científica com a duração de vários anos, denominada "Great Undertaking" (*Grossversuch*) (Federer et al., 1986), cujo objetivo era avaliar a eficácia da proteção contra o granizo. Foram efectuadas experiências semelhantes nos EUA, sob o título NHRS (*National Hail Research Experiment*), (Knight et al., 1979). Em ambas as experiências, havia uma questão que tinha de ser considerada e respondida: "O que acontece numa nuvem de granizo semeada com iodeto de prata?" Em ambas as experiências, foi demonstrado que não havia diferença estatisticamente significativa na ocorrência de granizo entre nuvens com e sem semente. Muitos Estados europeus chegaram à conclusão de que a sementeira de nuvens não pode modificar o estado do tempo e abandonaram os seus esforços. A nível estatal, a supressão operacional do granizo já não é efectuada por nenhum país da União Europeia (UE), com exceção da Hungria, Bulgária e Croácia. Nos documentos da UE, a supressão do granizo não é mencionada.

Face ao escasso apoio à prática e às provas da sua eficácia, muitos países reduziram gradualmente e acabaram por abandonar completamente as actividades de supressão do granizo. Os EUA aboliram praticamente qualquer financiamento da supressão do granizo no início da década de 1990. A nível estatal, para além dos países que faziam parte da antiga Jugoslávia (Croácia, República Srpska na Bósnia-Herzegovina e Sérvia), a supressão operacional do granizo é também realizada parcialmente na Rússia, em alguns dos países que faziam parte da antiga URSS e na China. Em alguns países (por exemplo, Áustria, Grécia e Eslovénia), a supressão esporádica do granizo é efectuada em pequenas áreas através de iniciativas privadas, financiamento local ou para projectos científicos, mas sem a participação do Estado.

A distribuição das actividades de supressão do granizo na Europa no ano de 2009 é apresentada no Quadro 1. Após o número de série (N.º) e o país (ordem alfabética), as duas colunas seguintes assinalam a presença de actividades de supressão do granizo (HS) com um SIM e a sua ausência com um NÃO e o financiamento (Fin.) pelo orçamento do Estado com um SIM e por outras fontes com um NÃO.

Tabela 1. A distribuição das actividades de supressão de granizo e o seu financiamento a nível nacional na Europa no ano de 2009, (Gavrilov et al., 2013).

Não.	País	HS	Fin.	Não.	País	HS	Fin.
1.	Albânia	NÃO	NÃO	19.	Letónia	NÃO	NÃO
2.	Arménia	NÃO	NÃO	20.	Lituânia	NÃO	NÃO
3.	Áustria	SIM	NÃO	21.	Macedónia	SIM	SIM
4.	Azerbaijão	NÃO	NÃO	22.	Moldávia	SIM	SIM
5.	Bielorrússia	NÃO	NÃO	23.	Montenegro	NÃO	NÃO
6.	Bósnia e Herzegovina*	NÃO	NÃO	24.	Países Baixos	NÃO	NÃO
7.	Bulgária	SIM	SIM	25.	Polónia	NÃO	NÃO
8.	Croácia	SIM	SIM	26.	Portugal	NÃO	NÃO
9.	República Checa	NÃO	NÃO	27.	Roménia	NÃO	NÃO
10.	Estónia	NÃO	NÃO	28.	Rússia	SIM	SIM
11.	Finlândia	NÃO	NÃO	29.	Sérvia	SIM	SIM
12.	França	NÃO	NÃO	30.	Eslováquia	NÃO	NÃO
13.	Alemanha	NÃO	NÃO	31.	Eslovénia	NÃO	NÃO
14.	Hungria	SIM	SIM (40%)	32.	Espanha	NÃO	NÃO
15.	Irlanda	NÃO	NÃO	33.	Suécia	NÃO	NÃO
16.	Israel	NÃO	NÃO	34.	Suíça	NÃO	NÃO

17.	Itália	NÃO	NÃO	35.	Turquia	NÃO	NÃO
18.	Jordânia	NÃO	NÃO	36.	Reino Unido	NÃO	NÃO

*A República Srpska, na Bósnia e Herzegovina, aplica a supressão do granizo apenas numa pequena parte do seu território.

A Organização Meteorológica Mundial (OMM) não recomenda a supressão do granizo, (OMM, 2010). A falta de confiança na supressão do granizo foi também expressa pelos investigadores: Mason 1978, Rakovec e Waldvogel (1989), Rakovec et al. (1990), Jordanovski (2005), Gavrilov (2005; 2007a; 2007b; 2008), Roskar (2009), Gavrilov et al. (2010; 2011; 2013; 2014) e Bergant (2011). A opinião maioritária é que não é possível obter qualquer efeito de granizo através da sementeira de nuvens.

CAPÍTULO 8 - REPRESSÃO CONTEMPORÂNEA DO GRANIZO NA SÉRVIA

8.1. SUPRESSÃO DO GRANIZO NAS DUAS PRIMEIRAS DÉCADAS DO PÓS-GUERRA

Durante a década de 1950, foram retomados os trabalhos sobre a organização da supressão do granizo na Sérvia. A razão específica para a fundação do Conselho para a supressão do granizo foi um incidente de granizo em 1952 que causou enormes prejuízos. O Dr. Marko Milosavljevic, professor da Universidade de Belgrado, foi nomeado diretor do comité. O Conselho organizou a supressão do granizo, mas não durou muito tempo e foi dissolvido pouco depois.

Numa edição de 1957 da revista "Vesnik", vários artigos foram dedicados ao décimo aniversário da fundação do Serviço Federal de Hidrometeorologia da Jugoslávia (FHMSY), mas a supressão do granizo não foi mencionada. Apenas se mencionava que as inundações, o granizo e as tempestades prejudicavam frequentemente a economia e que estes processos deviam ser investigados, uma vez que um maior conhecimento contribuiria para uma luta mais bem sucedida contra eles, para uma previsão mais exacta e para uma cooperação mais estreita entre o serviço agrometeorológico e o serviço de previsão hidrológica e sinóptica (Ratkovic, 1957).

8.2. EXPANSÃO DA SUPRESSÃO DO GRANIZO

No Serviço Hidrometeorológico da República da Sérvia (Figura 16), foi feito um desenho preliminar do "projeto de supressão do granizo" em 1967 e iniciou-se a construção de um sistema avançado de proteção contra o granizo na Sérvia (RHMSS, 1977).

A sementeira de nuvens com granizo com iodeto de prata foi efectuada de acordo com o chamado "método soviético", (Sulakvelidze, 1967), que é mencionado com o mesmo nome num trabalho de Federer et al. (1986). No trabalho de Mesinger e Mesinger (1992) é mencionado essencialmente o mesmo método, mas como uma variante modificada, por Radinovic (1970, 1972), alterada com o objetivo de o ajustar às necessidades da antiga Jugoslávia. Uma das descrições mais recentes do método de supressão do granizo com iodeto de prata na Sérvia encontra-se num texto de Vujovic et al. (2007).

Para responder a estas necessidades, foi criado um departamento/sector especial e foi organizada e desenvolvida uma rede de rampas de lançamento de foguetes de supressão de granizo e centros de radar. É por isso que 1967 é considerado o início oficial da sementeira de nuvens na Sérvia, embora as tentativas de supressão do granizo já existissem esporadicamente antes de 1967 (Gavrilov et al., 2010).

Figura 16. O edifício central do Serviço Hidrometeorológico da República da Sérvia é o local onde surgiu a proteção moderna contra o granizo na Sérvia. A partir daí, todas as actividades de supressão do granizo têm sido geridas. A cúpula principal do radar pode ser vista no topo do edifício (fotografia tirada por N. Todorovic, 2016).

Os radares meteorológicos e os foguetes anti-granizo são componentes essenciais para a aplicação operacional da supressão de granizo. Os radares nos locais de supressão de granizo servem o objetivo de identificar as nuvens portadoras de granizo e, ao disparar estes foguetes especializados

(Figura 17) a partir do solo e para as nuvens, as nuvens são semeadas com iodeto de prata. Estes foguetões atingem alturas de 6 km a 8 km, transportando cada um deles cerca de 400 g de reagente de iodeto de prata (Vujovic et al., 2007).

Figura 17. Foguetes anti-granizo (em cima à direita) e um modelo de radar (em baixo ao centro) expostos na coleção do Museu do RHMSS, anteriormente nas instalações do
Observatório Meteorológico de Belgrado (fotografia tirada por N. Janc, 1987).

Na Sérvia, a supressão do granizo foi considerada um projeto promissor desde o início, como o demonstra a decisão conjunta da Assembleia da República da Sérvia e da Assembleia da Província do Kosovo e Metohija de adotar a lei sobre a supressão do granizo (1973). De acordo com esta lei, estava previsto que, durante um período de cinco anos, fosse construído um sistema comum de supressão do granizo no território da Sérvia, sem contar com a província de Voivodina, e que este fosse dividido em 12 unidades regionais de supressão do granizo. O sistema básico de supressão do granizo consiste numa rede de radares meteorológicos com estruturas de acompanhamento. A sua construção foi planeada para 1975 e esperava-se que estivesse concluída até 1979. Os centros de radar deveriam permitir a emissão atempada de comandos para as estações de supressão de granizo (Simic et al., 1977).

De 2003 a 2010, a supressão de granizo foi efectuada a partir de cerca de 1650 estações de lançamento de foguetes, operadas por dois trabalhadores (designados por atiradores) cada, e apoiadas por 13 centros de radar, Figura 18 (F).

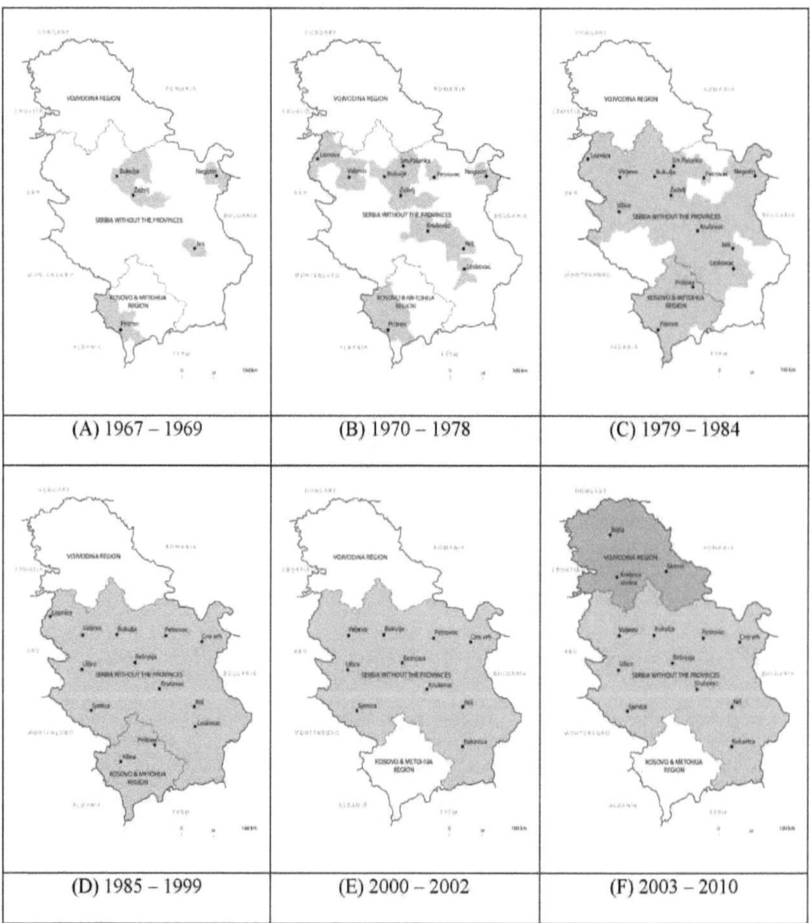

Figura 18. Seis mapas da República da Sérvia mostram (a cinzento) os territórios abrangidos pela supressão de granizo em seis períodos caraterísticos, bem como as respectivas localizações dos centros de radar (posições de bala), (Gavrilov et al., 2010;

2013).

Os centros de radar estavam distribuídos igualmente por toda a Sérvia. Cada centro de radar tinha um certo número de lançadores com o objetivo de responder prontamente a qualquer necessidade de disparar foguetes adicionais. A supressão do granizo foi efectuada pelo RHMSS (Internet 2) seis meses por ano, anualmente, de 15 de abril a 15 de outubro, até 2011. A maior parte dos dados referidos neste trabalho são de um período de tempo em que a supressão de granizo estava completamente sob a jurisdição da RHMSS, enquanto o período posterior não foi considerado. Nos anos mais recentes, uma parte das actividades de supressão de granizo foi transferida para a jurisdição do Ministério da Administração Interna, Secção de Gestão de Emergências (Internet 3). A partir de meados de maio e até 2015, as actividades de combate ao granizo voltaram para a RHMSS.

A Figura 18 mostra seis fases caraterísticas do alargamento da supressão do granizo no território da Sérvia, de 1967 a 2010 e posteriormente (Gavrilov et al. 2010; 2013). Nos primeiros anos, os disparos contra as nuvens foram efectuados apenas em vários municípios, principalmente no território da Sérvia sem as províncias e na região do Kosovo e Metohija, a província do sul da Sérvia, Figura 18 (A-C). Em seguida, as actividades de repressão do granizo expandiram-se gradualmente, de modo que, em 1985, abrangiam a totalidade do território da Sérvia, excluindo a região de Voivodina, a Província do Norte da Sérvia, Figura 18 (D). De 2000 a 2003, os disparos contra as nuvens foram efectuados apenas no território da Sérvia sem as províncias, Figura 18(E). De 2003 a 2010 e nos anos seguintes, os disparos contra as nuvens para a supressão do granizo foram efectuados no território da Sérvia, excluindo a região do Kosovo e Metohija, Figura 18(F).

A primeira estação de supressão de granizo totalmente automatizada na Sérvia e na Europa foi aberta em março de 2016 no condado de Topola. O equipamento de telecomunicações desta estação está ligado a um centro de radar na montanha de Bukulja, Figura 20b. O lançamento deste sistema está previsto para o início da época de supressão de granizo de 2016. Espera-se que seja muito mais preciso do que as estações clássicas de supressão de granizo, em que os técnicos carregavam os foguetes, apontavam para as nuvens com granizo e, por fim, disparavam contra elas. É suposto proteger uma área de cerca de 5.000 ha, maioritariamente ocupada por pomares (Savie Rankovic, 2016). Na Sérvia, existem 15 estações remotas de lançamento de foguetes anti-granizo em 2017, Figura 19a.

8.3. O CUSTO DA SUPRESSÃO DO GRANIZO

No orçamento (Lei sobre o orçamento da República da Sérvia, 2007) da República da Sérvia para o ano de 2008 foram afectados fundos para a compra de 13 000 foguetes. Esperava-se que o Ministério da Agricultura disponibilizasse fundos adicionais para a compra de mais 6 000 a 7 000 foguetes. O custo de um foguetão era de 270 a 300 euros. É possível encontrar dados semelhantes para todos os anos.

Figura 19. Estações de foguetes de lançamento anti-granizo: (a) sistema manual localizado em Uljma, condado de Vrsac, (foto tirada por G. Gavrilov, 2017) e (b)

sistema totalmente automatizado (remoto) localizado em Pocekovina, condado de Trstenik, (imagem cortesia da RHMSS).

Até 2009, a supressão do granizo na Sérvia consistia em cerca de 220 funcionários a tempo inteiro, 3.500 funcionários a tempo parcial, 1.650 estações de foguetes anti-granizo (Figura 19), 13 centros de radar (Figura 20), 40 retransmissores, várias dezenas de carros e cerca de 12.000 foguetes por ano, entre outras facetas mais minúsculas. Estima-se que o custo anual da supressão de granizo seja de aproximadamente 10.000.000 euros por ano. Tudo o que está envolvido na supressão do granizo é financiado exclusivamente pelo orçamento da República da Sérvia, (Gavrilov et al., 2013).

Figura 20. Centros de radar do Serviço Hidrometeorológico da República da Sérvia:

(a) Kraljeva Stolica situada na montanha Fruska Gora (Figura 17(F)) e (b) Bukulja situada na montanha com o mesmo nome (Figura 17), (fotografia tirada por P. Tanaskovic, 2009).

CAPÍTULO 9 - A EFICÁCIA DA SUPRESSÃO DO GRANIZO

Desde que foi implementada a utilização de canhões na supressão de granizo, a questão da eficiência da supressão de granizo através deste método foi questionada e investigada, mas os resultados foram diversos e inconsistentes. A sua fiabilidade dependia das seguintes variáveis: (1) momento em que a avaliação foi efectuada, (2) método de avaliação, (3) dados utilizados para a avaliação e (4) pessoa que efectuou a avaliação. Tal como referido na secção 7.2, a avaliação foi feita de acordo com regras científicas rigorosas que ajudaram muitos países da Europa a abandonar o financiamento da sementeira de nuvens para fins de supressão do granizo. Certamente que as recomendações da OMM e de outras entidades também contribuíram para o abandono generalizado das actividades de supressão do granizo.

9.1. AVALIAÇÃO DA SUPRESSÃO DO GRANIZO NA SÉRVIA ANTES DE 2009

Na Sérvia, foram efectuadas seis avaliações da eficácia da supressão do granizo. A *primeira* avaliação da eficácia dos sistemas de proteção contra o granizo contemporâneos, de 1968 a 1973, foi efectuada por Simic et al. (1977), que argumenta que os danos causados pelo granizo nas zonas protegidas diminuíram 3 a 6 vezes, o que não se verificou nas zonas não protegidas. A *segunda* avaliação foi feita no RHMSS (1977) para um período de 1967 a 1976, onde se concluiu que a dimensão da área danificada pelo granizo nos territórios protegidos diminuiu 3 a 5 vezes em comparação com os territórios não protegidos. Os resultados da *terceira* avaliação foram intitulados "A eficiência do nosso sistema de supressão de granizo foi verificada em 63% a 73%" (Radinovic, 1988). O *quarto* foi intitulado "A diminuição da frequência do granizo, de acordo com a ordem de grandeza, é de cerca de 15% a 20%", (Mesinger e Mesinger, 1992). A *quinta* intitulava-se "A investigação mais recente indicou que, na Sérvia, de 1971 a 2003, o sistema de supressão do granizo devolveu 14 vezes cada dinar (moeda sérvia) investido nele" (Mitic, 2006). Finalmente, a *sexta* intitulava-se "Os benefícios (lucros) da utilização do nosso sistema de supressão do granizo totalizam 4,5 mil milhões de dinares para a Sérvia" (Ministério da Agricultura, Florestas e Gestão da Água da República da Sérvia, 2006).

As seis avaliações apresentadas da supressão do granizo são incomparáveis entre si. São apresentadas como seis avaliações diferentes: a diminuição dos danos causados pelo granizo nas zonas defendidas, a diminuição da dimensão dos territórios danificados pelo granizo, a eficiência, a frequência do granizo, o benefício económico por dinar investido e o benefício económico sumário. Nenhum dos seis procedimentos de avaliação dá resposta à questão mais fundamental e básica: "A supressão do granizo na Sérvia diminui a ocorrência de granizo?" A resposta a esta pergunta é apresentada na secção seguinte.

9.2. AVALIAÇÃO OBJECTIVA DA SUPRESSÃO DO GRANIZO NA SÉRVIA APÓS 2009

Há uma falta de verificação científica do sucesso objetivo da supressão do granizo durante a investigação realizada em 2010/2011, que se centrou na influência da sementeira de granizo nas tendências do granizo na Sérvia. Os resultados foram publicados nos artigos Gavrilov et al. (2010; 2011; 2013) e apenas os resultados mais importantes serão aqui apresentados.

O objetivo desta investigação era, como já foi referido, recolher dados em resposta à pergunta: "*A supressão ativa do granizo na Sérvia (levada a cabo desde 1967 até 2009/2010) diminuiu a ocorrência de granizo?*" Para esse efeito, foram utilizados todos os dados sobre dias com granizo, em todas as estações sinópticas e climatológicas da Sérvia, desde 1967 até 2010. Os dados foram obtidos diretamente dos diários de observação das estações. O número de estações variou de 70 a 89 durante os anos em questão. Não foi possível utilizar quaisquer dados relevantes anteriores a 1967, uma vez que muitos registos pertinentes não eram controlados com o mesmo rigor. Não existiam na Sérvia outros dados sobre o granizo que pudessem ser utilizados nesta investigação. O método escolhido para o tratamento dos dados foi o cálculo das tendências do granizo. Para a avaliação da tendência, foi utilizado o teste Mann-Kendall (Gilbert, 1987) como abordagem estatística no processamento dos dados geofísicos obtidos nesta investigação. A investigação foi efectuada em ambos os territórios da República, Sérvia sem as Províncias e Voivodina.

Na discussão que se segue, serão apresentados dois casos de tendências do granizo no território da Voivodina. No primeiro caso, a investigação foi efectuada durante um período de tempo que vai de 1967 a 2002, quando a supressão do granizo não estava a ser aplicada, como mostra a Figura 21. É evidente uma tendência decrescente do granizo. Por outras palavras, o número de dias com granizo na Voivodina num período sem supressão ativa do granizo foi decrescente.

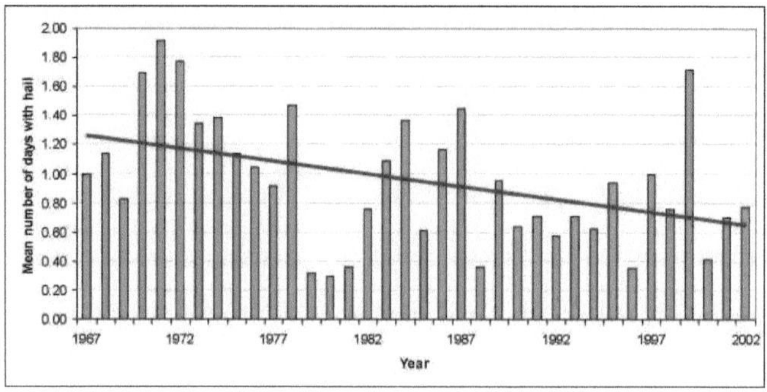

Figura 21. Número médio de dias com granizo por ano e tendência linear do granizo de 1967 a 2002, quando não houve supressão de granizo na província de Voivodina, (Gavrilov et al., 2010).

No segundo caso, a investigação foi efectuada durante um período de tempo que vai de 2003 a 2010, altura em que estava a ser implementada a supressão do granizo, como mostra a Figura 22. Aqui é visível uma tendência de aumento do granizo. Por outras palavras, o número de dias com granizo na província de Voivodina num período com supressão ativa do granizo estava a aumentar.

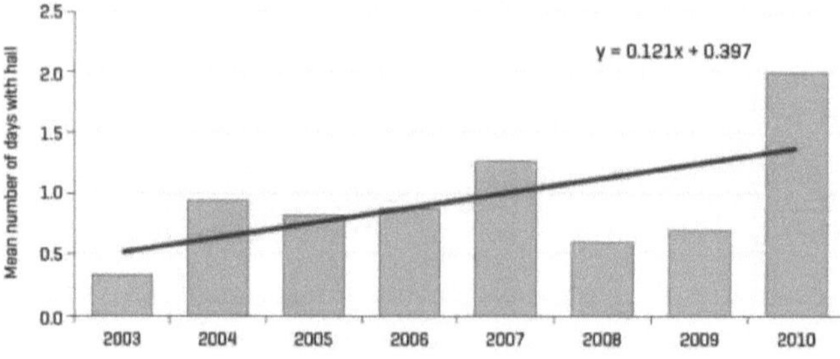

Figura 22. Número médio de dias com granizo por ano e tendência linear do granizo de 2003 a 2010, quando houve supressão de granizo na província de Voivodina,

(Gavrilov et al., 2011).

Os resultados apresentados não estão de acordo com a expetativa de que a supressão de granizo diminui a ocorrência de granizo. Resultados semelhantes também foram obtidos em outros períodos ao longo da pesquisa supracitada.

CAPÍTULO 10- ALTERNATIVAS À SUPRESSÃO DO GRANIZO

Foi levantada uma questão muito importante: *"Qual poderia ser a alternativa à ineficiente supressão do granizo?"* Em muitos países, esta questão foi resolvida de duas maneiras. A primeira é a utilização das chamadas grelhas de proteção contra o granizo (Figura 23) para a proteção de produtos agrícolas caros, como a fruta, a vinha e os legumes. A segunda forma é o seguro contra os danos causados pelas intempéries, incluindo o granizo, dos produtos agrícolas mais baratos, como o trigo, o milho, a cevada, o girassol, etc. Por exemplo, o seguro dos produtos agrícolas contra o granizo, o fogo e os trovões é pago na altura da sementeira e, no início do outono, a República da Sérvia paga bónus de 40% ao segurado, enquanto o custo final do seguro ascende a 18 euros/hectare (Gavrilov et al., 2014).

Figura 23. Redes anti-granizo perto de Topola: (a) rede anti-granizo fechada, abril de 2017 e (b) rede anti-granizo aberta, junho de 2017, (foto tirada por N. Janc).

Ambos os métodos alternativos parecem ideias novas para quem não está familiarizado com as actividades meteorológicas, no entanto, como já foi referido na Secção 5.3, estes métodos eram conhecidos há mais de um século. Nessa altura, Nedeljkovic (1907b) escreveu sobre a proteção das vinhas contra o granizo com grelhas especiais e o seguro contra o granizo em grandes superfícies de vinhas, pomares e culturas na região da Baviera, que foi realizado pela companhia de seguros Versicherungskammer de Munique (Alemanha). Se, na altura, se considerava que as grelhas especiais e os seguros eram apenas um complemento à supressão do granizo, a experiência de muitos países levou a que, atualmente, se considere que a utilização de grelhas de proteção contra o granizo e os seguros são os únicos métodos eficazes de proteção contra o granizo e de reembolso dos danos aos agricultores.

CAPÍTULO 11 - CONCLUSÃO

O artigo apresenta a supressão do granizo na Sérvia ao longo de vários séculos. Começando por uma época em que a ação contra as nuvens para a supressão do granizo tinha caraterísticas mítico-mágicas, passando por formas relativamente racionais de influenciar as nuvens, como disparar contra elas com espingardas e pistolas de combate, até ao final do século XIX e seguintes, quando foi implementada a utilização de canhões especialmente construídos.

Após a Segunda Guerra Mundial, iniciou-se a aplicação prática do novo sistema de supressão do granizo, com base numa hipótese recém-criada: *"menos granizo e mais chuva cairiam das nuvens portadoras de granizo se estas fossem semeadas com iodeto de prata"*. Para concretizar esta hipótese, foram utilizados os meios mais avançados: foguetões para semear as nuvens e radares para a sua identificação, através dos quais a supressão do granizo foi estabelecida contemporaneamente na Sérvia e noutros países.

Após um grande entusiasmo inicial na aplicação da supressão contemporânea do granizo, seguiu-se um período de desilusão. Descobriu-se que o granizo não pode ser combatido com tanto sucesso semeando nuvens com iodeto de prata. Após esta constatação, a maioria dos países abandonou a supressão do granizo e optou por combater o granizo utilizando redes de proteção contra o granizo e compensar quaisquer danos com seguros.

Atualmente, a supressão do granizo cobre todo o território da República da Sérvia. Após quase meio século de experiência operacional contínua na proteção contra o granizo, foram disparados cerca de 400.000 foguetes e semeados nas nuvens cerca de 160.000 kg de iodeto de prata (Vujovic et al., 2007). Num processamento estatístico de todos os dados sobre o granizo de 1967 a 2009, ficou claro que não há diminuição do granizo na Sérvia, mas sim um aumento (Gavrilov et al., 2010; 2011; 2013).

Parece que a questão não é: *se* a supressão do granizo deve ser interrompida, mas sim *como*. Se a Assembleia Nacional (2003) e o Governo da República da Sérvia (2006) anunciaram com relutância o reexame da eficácia da supressão do granizo, então os últimos resultados científicos poderiam ser utilizados para defender o abandono da supressão do granizo.

RECONHECIMENTO

Os autores expressam a sua gratidão ao Serviço Hidrometeorológico da República da Sérvia, ao Museu da Segunda Revolta Sérvia em Takovo e ao Museu da área de Rudnik-Takovo em Gornji Milanovac pela sua gentil autorização para tirarmos fotografias das suas exposições. Além disso, agradecemos ao Museu Postal de Belgrado e ao Museu de Smederevo a partilha de informações e documentação úteis, bem como a Valentina Janc e Nedeljko Todorovic pela sua ajuda.

BIBLIOGRAFIA

Baillaud, B., 1920: Apresentação da obra de Stanoiéwitch, L' aéroplane et la grêle [Avião e granizo]. *Comptes Rendus de VAcadémie des Sciences, 170,* 15901592 (em francês).

Barisic, Fra R., 1890: Franjevacki samostan i crkva u Sutjeskoj [Mosteiro e igreja franciscanos em Sutjeska]. *Glasnik zemaljskog muzeja u Bosni i Hercegovini,* Bósnia e Herzegovina, 1, 28-40 (em croata).

Bergant, K., 2011: Ali res lahko ukrotimo nevihte? (Ne)smisel obrambe pred toco [Podemos realmente domar a tempestade? (Non)sense of hail supression]. *Ujma,* Eslovénia, 25, 240-247 (em esloveno).

Curie, M., 2001: Modifikacija vremena [Modificação da meteorologia]. *Republicki hidrometeoroloski zavod Srbije,* Sérvia, pp 236 (em sérvio).

Davidovic, M., 1900: Pucanje kao odbrana od grada [Tiro como defesa contra o granizo]. *Nova Iskra,* Sérvia, 9, 271-276 (em sérvio).

Decisão, 1889a: O meteoroloskoj korespodenciji [Sobre a correspondência meteorológica]. *Postansko-telegrafski vesnik,* Sérvia, 3, 85 (em sérvio).

Decisão, 1889b: Kraljevska-Srpska meteoroloska postanska karta [Cartões postais meteorológicos da Sérvia Real]. *Postansko-telegrafski vesnik,* Sérvia, 5, 165 (em sérvio).

Decisão, 1889c: Upozorenje za koriscenje meteoroloskih postanskih karti [Aviso para a utilização de postais meteorológicos]. *Postansko-telegrafski vesnik,* Sérvia, 6-7, 208 (em sérvio).

Dimitrijevic, M., 2008a: Djordje Stanojevic - his life and works. *Academia Sérvia de Ciências e Artes, Delegação em Novi Sad,* Actas da Reunião Científica "Djordje Stanojevic - his life and works - the 150th anniversary of his birth", Novi Sad, Sérvia, 9-42.

Dimitrijevic, M., 2008b: Djordje Stanojevic in the works of Jules Janssen. *Academia*

Sérvia de Ciências e Artes, secção de Novi Sad, Actas do Encontro Científico "Djordje Stanojevic - a sua vida e obra - 150.º aniversário do seu nascimento", Novi Sad, Sérvia, 59-76.

Federer, B., A. Waldvogel, W. Schmid, H. H. Schiesser, F. Hampel, M. Schweingruber, W. Stahel, J. Bader, J. F. Mezeix, N. Doras, G. d'Aubigny, G. DerMegreditchian e D. Vento, 1986: Principais resultados de Grossversuch IV. *Journal of Climate and Applied Meteorology,* 25, 917-957.

Gavrilov, M. B., 2001: Vazduhoplovna meteorologija [Meteorologia da aviação]. *JAT Flight Academy*, Sérvia, pp 300 (em sérvio).

Gavrilov M. B., 2005: Protivgradobojna odbrana - zastranuvanje na meteorologijata [Supressão do granizo - meteorologia no caminho errado]. *Gazeta: Utrinski vesnik*, 1 de junho de 2005, Macedónia (em macedónio).

Gavrilov M. B., 2007a: Protivgradobojna odbrana - zastranuvanje vo meteorologijata [Supressão do granizo - meteorologia no caminho errado]. *Instituto de Física, Departamento de Matemática e Ciências Naturais*, Universidade *Ss. Cyril and Methodius University*, Macedónia, pp 4 (em macedónio).

Gavrilov M. B., 2007b: Protivgradna odbrana - stranputica meteorologije [Supressão do granizo - meteorologia no caminho errado]. Palestra a convite do *Rotary International Distrito* 2480, *Rotary Club Beograd METROPOLITAN*, Hotel Hyatt Regency, Sérvia, 29 de maio de 2007 às 19h30 (em sérvio).

Gavrilov M. B., 2008: Modifikacija vremena - protivgradna odbrana: Pravna i naucna Utemeljenost [Modificação das condições meteorológicas - atividade de **supressão** do granizo: A base jurídica e científica]. *EKO-JUSTUS I*, Conferência sobre o direito e o ambiente na economia e na prática, 09-12 de junho de 2008, Kopaonik, Sérvia (em sérvio).

Gavrilov, M. B., L. Lazic, A. Pesic, M. Milutinovic, D. Markovic, A. Stankovic e M. M. Gavrilov, 2010: Influência da supressão do granizo na tendência do granizo na Sérvia. *Physical Geography*, 31, 441-451.

Gavrilov, M. B., L. Lazic, M. Milutinovic, M. M. Gavrilov, 2011: Influência da supressão do granizo na tendência do granizo em Vojvodina, Sérvia. *Geographica Panonica*, 15, 36-41.

Gavrilov, B. M., Markovic B. S., M. Zorn, B. Komac, T. Lukic, M. Milosevic e S. Janicevic, 2013: A supressão de granizo é útil na Sérvia? - Revisão geral e novos resultados. *Ata Geographica Slovenica*, 53-1, 165-179.

Gavrilov, M. B., S. B. Markovic, N. Janc e N. Tomic, 2014: Protivgradna zastita u Srbiji - naucna i pravna (ne)utemeljenost [Hail suppression in Serbia-scientific and legal (non) foundation]. *Instituto de Direito Comparado e Academia de Estudos de Criminalística e Polícia*, Conferência: Natural Hazard, 28 de abril de 2015, Belgrado, Sérvia, Livro de resumos, 174-188, (em sérvio).

Gburcik, P., 2002: Mogucnost meteoroloskog rata - Izmedju eksperimenta i oruzja [A possibilidade de uma guerra meteorológica - Entre uma experiência e uma arma]. Vojni informator, Sérvia, 1-2, 67-74 (em sérvio).

Gilbert, R. O., 1987: Statistical Methods for Environmental Pollution Monitoring. *Van Nostrand Reinhold Company Inc.*, Nova Iorque, pp 336.

Governo da República da Sérvia, 2006: Informacija o protivgradnoj odbrani - pitanje opravdanosti [Informações sobre a supressão de granizo - a questão da justificação]. Documento 920-07-1/2006-01, 25 de outubro de 2006, pp 4 (em sérvio).

Haragan, R. D., 2010: Weather modification, Handbook of Texas online. Associação Histórica do Estado do Texas (http ://www.tshaonline.org/handbook /online/articles/ymwed), (acedido em 8 de maio de 2014).

Internet 1: http://www.civilwar.org, (acedido em 07 de setembro de 2015).

Internet 2: http://www.hidmet.gov.rs/, (acedido em 18 de junho de 2012).

Internet 3: http://prezentacije.mup.gov.rs/svs/2011_06_09.html, (acedido em 16 de setembro de 2014).

Jaksic, V., 1856: Klimaticna odnosenija zemlje [Relações climáticas da Terra]. *Glasnik drustva srpske slovesnosti*, Sérvia, 8, 283-350 (em sérvio).

Jaksic, V., 1863: Izvestie I, Drzavopis Serbie, [Relatório I, Estatísticas da Sérvia]. *Knjazevsko-Srbska pecatnja*, Sérvia, 1, 1-9 (em sérvio).

Janc, N., 1987: Meteoroloski izvestaji u beogradskoj stampi od sredine proslog veka do prvog svetskog rata [Relatórios meteorológicos na imprensa de Belgrado desde meados do século XIX até à primeira guerra mundial]. *Godisnjak grada Beograda*, Jugoslávia, 34, 157-164 (em sérvio).

Janc, N., 2002: Meteorologija u delima Atanasija Stojkovica [Meteorologia nas obras de Atanasije Stojkovic], *Arhimedes*, Belgrado, pp 96 (em sérvio).

Janc, N., 2006: Grom iz vedra neba - Etnometeorologija [Trovão do céu limpo - Etnometeorologia]. *Krug*, Sérvia, pp 159 (em sérvio).

Janic, C., 2008: Djordje Stanojevic - o escritor do primeiro livro sobre aeronáutica na Sérvia. *Academia Sérvia das Ciências e das Artes, secção de Novi Sad*, Actas da reunião científica "Djordje Stanojevic - a sua vida e obra - 150.º aniversário do seu nascimento", Novi Sad, Sérvia, 173-178.

Janssen, M., 1901: Note présentée (Extrait), G. Stanoiéwitch, Méthode électro-sonore pour combattre la grêle [Breve apresentação de G. Stanoiéwitch, Método electro-sonoro para combater o granizo]. *Comptes Rendus de l'Académie des Sciences,* 133, 373-374 (em francês).

Jordanovski, K., 2005: Protivgradobojnata zastita e naucno neosnovana aktivnost vo Republika [A supressão do granizo é uma atividade não cientificamente fundamentada na República]. *Gazeta: Utrinski vesnik*, 16-17 de abril de 2005, Macedónia, (em macedónio).

Jovanovic, V., 1863: Nauka o atmosferi i promenama u atmosferi i o njihovom znacaju za rastinje [A ciência da atmosfera e as alterações na atmosfera e a sua importância para as plantas]. *Glasnik drustva srbske slovestnosti*, Sérvia, 17, 1-182 (em sérvio).

Knight, C. A., G. B. Foote e P. W. Summers, 1979: Resultados de uma experiência aleatória de supressão de granizo no nordeste do Colorado. Parte IX: Discussão geral e resumo no contexto da investigação física. *Journal of Applied Meteorology*, 18, 1629-1639.

Kulisic, S., P. Z. Petrovic, N. Pantelic, 1970: Srpski mitoloski recnik [Dicionário Mitológico Sérvio]. *Nolit*, Sérvia, pp XXIV+317 (em sérvio).

Lei sobre o orçamento da República da Sérvia, 2007: *Sluzbeni glasnik Republike Srbije* 123/2007 (em sérvio).

Lei sobre a supressão do granizo, 1973: *Sluzbeni glasnik Srbije*, 12 de maio de 1973 (em sérvio).

Mason, J. B., 1978: A Course in Elementary Meteorology. *UK Meteorological Office*, Londres, pp 208.

Mesinger, F. e N. Mesinger, 1992: Has Hail Suppression in Eastern Yugoslavia Led to a Reduction in the Frequency of Hail?, *Journal of Applied Meteorology*, 31, 104-111.

Ministério da Agricultura, Silvicultura e Gestão da Água da República da Sérvia, 2006: Dokument 920-07-00025/2006-09, 9 de novembro de 2006, pp 7 (em sérvio).

Mitic, M., 2006: Upravljanje sistemom zastite od grada [Gestão do sistema de supressão do granizo]. Doktorska disertacija [Tese de doutoramento], *Fakultet za menadzment*, Sérvia, pp 132 (em sérvio).

Assembleia Nacional da República da Sérvia, 2003: Dokument 06-2/228-03 i 205-03 de 29 de julho de 2003, pp 2 (em sérvio).

Nedeljkovic, M., 1898: Opservatorija Velike skole i njene meteoroloske stacije [Observatório da Escola Superior e suas estações meteorológicas]. *Stamparija Petra K. Tanaskovica -1830*, Sérvia, pp 37 (em sérvio).

Nedeljkovic, M., 1901a: Uputstvo za posmatranje grada [Manual de instruções para a observação do granizo]. *Privredni glasnik*, Sérvia, 5, 33-46 (em sérvio).

Nedeljkovic, M., 1901b: Uputstvo za posmatranje grada [Manual de instruções para a observação do granizo]. *Astronomska i meteoroloska opservatorija - stampano iz*

Privrednog glasnika, Sérvia, pp 17 (em sérvio).

Nedeljkovic, M., 1901c: Uputstvo za stampanje nepogodskih pojava [Manual de Instruções para a Observação dos Fenómenos de Tempestade]. *Drzavna Stamparija Kraljevine Srbije*, Sérvia, pp 37 (em sérvio).

Nedeljkovic, M., 1904-1908: Izvestaj Opservatorije 1899-1907, Izvestaj za 18991903 [Relatório do Observatório para 1899-1907, Relatório para 1899-1903]. *Drzavna stamparija Kraljevine Srbije*, Sérvia, pp 223 (em sérvio).

Nedeljkovic, M., 1905: Izvestaj Opservatorije i meteoroloskih stacija 1904 [Relatório do Observatório e das Estações Meteorológicas para 1904]. *Drzavna stamparija Kraljevine Srbije*, Sérvia, pp 46 (em sérvio).

Nedeljkovic, M., 1907a: Izvestaj Opservatorije i meteoroloskih stacija 1905-1906 [Relatório do Observatório e das Estações Meteorológicas para 1905-1906]. *Stamparija Davidovic*, Sérvia, pp 45 (em sérvio).

Nedeljkovic, M., 1907b: Meteorologija i poljoprivreda [Meteorologia e Agricultura]. *"Dositej Obradovic" - stamparija Ace M. Stanojevica*, Sérvia, pp 98 (em sérvio).

Nedeljkovic, M., 1908: Izvestaj Opservatorije i meteoroloskih stacija 1907 [Relatório do Observatório e das Estações Meteorológicas para 1907]. *Stamparija Kraljevine Srbije*, Sérvia, pp 40 (em sérvio).

Novine srbske, 1834: Vesti o uCinjenoj po Serbiji steti od oluje i grada, sbivsimase na Petrove poklade [Notícias sobre os danos causados pela tempestade e granizo na Sérvia no dia do jejum do apóstolo]. *Grad Kragujevac*, Sérvia, 25, 97 (em sérvio).

Pavlovic, L., 1980: Istorija Smedereva u reci i slici [História da cidade de Smederevo]. *Muzej u Smederevu*, Sérvia, pp 436 (em sérvio).

Radinovic, Dj. 1970: Zastita od grada [Supressão do granizo]. *Instituto Federal de Hidrometeorologia*, Jugoslávia, pp 179 (em sérvio).

Radinovic, Dj., 1972: Controlo do granizo. *Instituto Federal de Hidrometeorologia,*

Belgrado & Departamento de Comércio dos EUA e Fundação Nacional de Ciência, EUA, pp 124.

Radinovic, Dj., 1988: Odbrana od grada u SR Srbiji - rezultati i program daljeg razvoja [Supressão do granizo na SérviaResultados e um programa para desenvolvimento futuro]. *Republicki hidrometeoroloski zavod Srbije & Fizicki fakultet Univerziteta u Beogradu*, Yugoslavia, pp 165 (em sérvio).

Rakovec, J. e A. Waldvogel, 1989: Supressão do granizo - problemas e perspectivas. *Theoretical and Applied Climatology*, 40, 177-178.

Rakovec, J., B. Gregorcic, A. Krajnc, T. Mekinda e L. Kajfez-Bogataj, 1990: Algumas avaliações da eficiência do sistema de supressão de granizo na Eslovénia, Jugoslávia. *Theoretical and Applied Climatology*, 41, 157-171.

Ratkovic, B., 1957: Deset godina agrometeoroloske sluzbe FNRJ [Dez anos do serviço agrometeorológico da Jugoslávia]. *Vesnik*, Jugoslávia, 4, 16-30 (em sérvio).

RHMSS, 1977: 1947-1977, 30 godina rada i razvoja Republickog hidrometeoroloskog zavoda SR Srbije [30 anos de trabalho e desenvolvimento do Serviço Hidrometeorológico da República da Sérvia]. *Republicki hidrometeoroloski zavod Srbije & Glas*, Jugoslávia, pp 63 (em sérvio).

RHMSS, 1987a: Meteoroloska delatnost Vladimira Jaksica [Atividade Meteorológica de Vladimir Jaksic]. *Republicki hidrometeoroloski zavod Srbije*, Jugoslávia, pp 206 (em sérvio).

RHMSS, 1987b: Meteoroloska delatnost Vladimira Jovanovica [Atividade Meteorológica de Vladimir Jovanovic]. *Republicki hidrometeoroloski zavod Srbije*, Jugoslávia, pp XIII+182 (em sérvio).

RHMSS, 1987c: Sto godina Meteoroloske Opservatorije u Beogradu [Cem anos de trabalho do Observatório Meteorológico de Belgrado]. *Republicki hidrometeoroloski zavod Srbije*, Jugoslávia, pp 56 (em sérvio).

Roskar, J. 2009: Mnenje Slovenskega meteoroloskega drustva o obrambi pred toco [Parecer da Sociedade Meteorológica Eslovena sobre a supressão do granizo].

Slovensko meteorolosko drustvo. Internet: http://www.meteodrustvo.si/data/upload/mnenje_SMD_o_OPT.pdf (acedido em 10 de julho de 2012) (em esloveno).

Savie Rankovic, Z., 2016: Prva automatizovana protivgradna stanica u Srbiji [Primeira estação automatizada de supressão de granizo na Sérvia]. *Transmissão da TV Kragujevac: Stakleno zvono*, 11 de fevereiro, Sérvia (em sérvio).

Simic, M., V. Tosie e S. Maksimovie, 1977: Programi razvoja hidrometeoroloske sluzbe u Socijalistickoj Republici Srbiji u periodu 1976-1980 godine [Programas para o desenvolvimento do serviço hidrometeorológico na Sérvia de 1976 a 1980]. *Republicki hidrometeoroloski zavod Srbije,* Jugoslávia, pp 32 (em sérvio).

Stojanovie, Lj., 1925: Stari srpski zapisi i natpisi [Registos e inscrições em sérvio antigo]. *Srpska manastirska stamparija u Sremskim Karlovcima*, Yugoslavia, 5, 1-334 (em sérvio).

Sulakvelidze, G. K., 1967: Chuviscos e granizo. *Gidrometeorologicheskoe Izdatelstvo* [*Editora de Hidrometeorologia*], pp 412 (em russo).

Sulakvelidze, G. K., 1969: Tempestade de chuva e granizo. *Programa de Israel para traduções científicas*, pp 310.

Trajkovska, V. e Dimitrijevie, M. S., 2000: Vida e obra de Milan Nedeljkovie. *Serbian Astronomical Journal*, 162, 135-150.

Vidojevie, S., K. Rackovie e M. Dimitrijevie, 2008: Observatório astronómico dirigido por Stanojevie - a sua visão e a de Milan Nedeljkovie. *Academia Sérvia de Ciências e Artes, secção de Novi Sad*. Actas da reunião científica "Djordje Stanojevie - a sua vida e obra - 150.º aniversário do seu nascimento", Novi Sad, Sérvia, 77-84.

Vujovie, D., Z. Vucinie e Z. Babie, 2007: 40 Years of hail suppression in Serbia (40 anos de supressão de granizo na Sérvia). *Organização Meteorológica Mundial, 9ª* Conferência Científica sobre Modificação do Tempo e Workshop sobre Modificação do Tempo, 22-24 de outubro de 2007, Antalya, Turquia.

OMM, 1987: Atlas Internacional de Nuvens. *Organização Meteorológica Mundial*, pp

212.

OMM, 2010: Documentos sobre a modificação do clima. *Organização Meteorológica Mundial*, pp 13.

Printed by Books on Demand GmbH, Norderstedt / Germany